Beautiful Experience

tone 16

風格一身

Tim Gunn: A Guide To Quality, Taste And Style

作者：提姆‧岡恩（Tim Gunn）與 凱特‧莫隆妮（Kate Moloney）合著
譯者：朱耘
責任編輯：李惠貞
美術設計：徐蕙蕙
法律顧問：全理法律事務所董安丹律師
出版者：大塊文化出版股份有限公司
台北市105南京東路四段25號11樓
www.locuspublishing.com

讀者服務專線：0800-006689
TEL：（02）87123898
FAX：（02）87123897
郵撥帳號：18955675
戶名：大塊文化出版股份有限公司

總經銷：大和書報圖書股份有限公司
地址：台北縣新莊市五工五路2號
TEL：（02）8990-2588（代表號）
FAX：（02）2290-1658

製版：瑞豐實業股份有限公司
初版一刷：2008年3月
定價：新台幣300元

風格一身

Tim Gunn

A GUIDE TO QUALITY, TASTE & STYLE

我們將此書獻給所有追求質感、品味與風格，
以及那些已具備這些特質的人們！

—— 提姆·岡恩 與 凱特·莫隆妮

目錄 contents---- --

購物之旅最要緊的一部份，應該是在你離家之前便開始了。你該問自己一個顯而易見的問題：「為何我今天要出去購物？」也許這星期你的工作不順到極點，亟需一個發洩的出口，出去走走對你會有幫助。你答應要給自己一個補償——沒錯，你度過了痛苦的一星期，這是你應得的。要點是，當逛得差不多時，你給自己的補償應該要能令你快樂，而且不會造成荷包大失血，或者為早已塞爆的衣櫥多添一件衣服、皮包或一雙鞋子。

目前大多數人在配件運用上的問題，是讓自己看起來活像剛在百貨公司飾品部參加過累人的超市大贏家比賽，全身上下的每個配件都彷彿競相宣告它們的出身。從皮包、墨鏡到皮製便鞋，無一不大剌剌地秀出品牌。當這些人經過你身旁時，說不定你還能認出她們擦的是哪個牌子的香水。像戴徽章似地炫示品牌，實在算不上有風格。

在許多場合中，大多數人既不希望自己的光采被掩沒，同時又希望無論身在何處，光采都能恰到好處地受到讚賞。新加入某個大團體時，自信是最基本的要件。然而，如果你要會見的人是未來的姻親或俱樂部的同好，你絕對不願出任何差錯，畢竟每個人很快就會認得你。若天氣許可，羊毛平織洋裝會是絕佳的選擇。它的質料不至於太厚重，可適度地飄動，同時也免除了搭配上的麻煩。再者，它能讓你順暢呼吸，所以若你得溜進洗手間深呼吸、換換氣，至少讓你難受的只有緊張的神經，而不是身上的衣服。

說到哪些書有助於風格的養成，就只有一個衡量標準：書中的內容若能促使你思考自己是什麼樣的人，以及本身所處的環境，便能為你腦中的想法和經驗增加庫存量，幫助你形塑自我。

第一章

認清自己

Who You Are

課題：　　　　　　瞭解並認清自己是什麼樣的人，是決定你的衣櫥裡會有哪些服裝
的最重要因素。

假設把你的衣櫥想成人面獅身獸，那麼這個怪獸拋出的謎題必定
是「你是什麼樣的人？」而只有你才知道謎底。
這個問題可能會把人引入無窮無盡的抽象層面，因此先別急著一
頭栽入自我檢視分析的探究思索中。

試著瞭解自己，不見得是件令人望之卻步的艱辛任務。

事實上，我們相信本書能讓這件事充滿樂趣。

「先瞭解你本身是什麼樣的人，再根據這點來裝扮自己。」

—— 愛比克泰德（Epictetus）* ——

身穿寬鬆毛衣和白色便褲的黛安‧馮‧福斯騰堡（Diane von Furstenberg）*，用一小條蘆筍嫩尖將午餐盤中剩下的小米飯清光。我們倆正在她位於曼哈頓另一頭的西村（West Village）寬敞的頂樓公寓裡，坐在散發雅致異國風的餐桌前，身旁擺著用幾個大淺盤裝盛的摩納哥風味醃雞和蔬菜沙拉。她抬起頭正視我，認真地說，「提姆，身為教育工作者，你絕對不能失去自己的聲音。」當我第一次跟她提起此書，她如此回答道。而在我每天振筆寫作時，她的這句話總在我腦中迴響。黛安是我的好友和同事，也非常支持設計教育。她不僅會提出明智的建議，也能給予靈感上的啟發。我深愛她一貫的直言不諱，還有出於關切而偶爾爆發的痛責。

我寫這本書的用意，並非預測時尚潮流，而是提供中肯的建議，同時也衷心期盼能給予讀者啟發。這本書的主角是讀者，也就是你。我會用像黛安‧馮‧福斯騰堡對待我的那種直言不諱以及愛之深責之切的態度，同樣要求你拋開界限和顧忌，坦誠檢視自己究竟是什麼樣的人，以及你的生活方式為何。這本書並不是要改變你；你之所以會成為今日的你，

*譯註：黛安‧馮‧福斯騰堡，生於比利時，1972年在紐約發跡的時裝設計師。

是有原因的。我只希望此書的內容能讓你變得更好，不僅凸顯出你的長
處，也掩飾你的短處。

你跟我在電視上配合的設計師以及我在帕森（Parson）設計學院的學生
不同的是，我們並非面對面。所以毋須心懷疑慮，認為我會用訝異和懷
疑的目光審視你。我會讓你自己來做這件事！本書的目的是提供你坦誠
分析自我的工具。我希望讓你自己頓悟；也就是說，在閱讀或憶起本書
內容時，你會恍然大喊，「這就對了，我懂了！」當你練就自我覺醒的
功夫後，便有能力做出任何與你的頓悟相配合的行動了。

質感、品味與風格

「質感、品味與風格」，是我處理大多數事務時的重要原則。換句話說，
就是做到「最好」。對任何事，無論是我在帕森設計學院的工作、在電
視節目中針對設計師們所做的評論，還是自己做飯或打掃自家公寓，我
都會致力達成這個目標。若你根本無意做到最好，又何必白費氣力？我
期盼能促使你更加明瞭自己對質感、品味和風格所設立的標準。

STYLE

TASTE

QUALITY

這並非一件容易的事；它需要決心和堅持。寫作時，我會不斷自我檢視，並且在將個人想法付諸實現時，接受從中得到的苦與樂。就在今天早上，我發現自己遇上一個衣著上的難題。在為十天的出差旅行收拾行李的當兒，我不巧有幾套西服和好幾件襯衫已送洗，尚無法取回。我想到衣櫥裡還有一套厚毛呢西裝，但實在不適合在這個暖得不尋常的十月中旬穿。而現有的那幾套黑西裝對於我預定會面的那些人來說，又顯得太正式。所以，分開搭配──西裝褲搭配休閒式西裝外套──似乎是恰當的因應之道。這使我想到，家裡的衣櫥並非服飾店，而是已有一堆現成的衣物擺在那裡供我們取捨。所以我為什麼老是在衣櫥前苦苦思索、翻找，最後卻一籌莫展，只得宣告，「我必須添購某套服裝，才能解決難題」？這麼想是錯的！正確的方式應是利用現有的資源，設法達到我們的目的。解決的方式根本不需要外求！

設法完成！

「設法完成！」是一種非常好用的說法。我記得第一次使用這句話，大約是六年前我在帕森學院的一個課堂上。我發現學生做作業遇到瓶頸時，常會決定放棄努力，重頭來過。這種情形經常令我感到洩氣，因為這很像賭輪盤，你怎能保證下一輪就會贏？遇到瓶頸時，將問題找出來，好好檢視、分析、診斷，並想出因應之道，才能學到重要的課題。因此，應該要「設法完成」。我相信，我們所有人都能從「設法完成」的做事方式中獲益。

我建議不妨把所有吸引我們的裝扮造型列出來，然後分析它們個別的特性：服裝的樣式、顏色的意涵、配飾，甚至髮型和化妝。不妨將這個過程想成玩紙娃娃；而各種不同的服裝樣式和配件，是用來進行混搭的要件。由於你是根據自己的形象來挑選和配置，因此也要將你的膚色、身高和體型列入考量。仔細審視你的身體和服裝相搭所形成的比例，以及各個單品相搭形成的比例。裙擺到你腿部的哪個位置？外套的肩線和袖長為何？外套下擺到裙子的哪裡？你的比例和身形輪廓會隨每件單品的比重增加而有所改變。最好謹慎選擇這些多不勝數的活動配件！同時，你也應開始自問以下問題：哪些質料穿起來最令你自在舒服？你如何穿戴配飾？你都會去逛哪些店？你的儀態舉止透露出哪些特質？

請注意,此段標題並非單純地問「你是誰?」這個問題在我看來帶有點對立的味道,令我想起電影《綠野仙蹤》(The Wizard of Oz)中恐怖的一幕:當桃樂絲、稻草人、錫人和膽小獅站在噴出大團黑色濃煙的硫磺與烈火前,如幽靈般、頭大如斗的翡翠城巫師以無視他們存在的鄙夷態度,咆哮地質問:「你們是誰?」——但我真高興你的確存在!

我們談的是「你是什麼樣的人」。這個問題涵蓋了與你相關的一切,從你的家族最早來自何方、你偏愛哪種特定類型的電影和音樂、你的夢境和幻想,到你每週的例行作息,還有你的尺寸、體型、比例,以及你的膚色、髮色、眼珠顏色等。就連你所居住的城市或村鎮、你的住家、你的朋友和同事,以及你所處的環境,也包括在內。

隨著所處環境而來的是旁人的期待。我們穿著打扮的方式,傳達出我們是哪種人的訊息,或至少是我們希望給予旁人的印象。這正是衣著符號學。雖然我並非羅蘭・巴特(Roland Barthes)*的擁護者,但我贊同他的一個理論,即語言是一種自足的系統。我們穿著打扮的方式,是一種個人形式的語彙,受我們所處社會和文化的高度影響。所以,當你面對自己的衣櫥,準備著裝時,不妨先想想,假設你的模樣出現在時代廣場的廣告招牌上,人們會對你所呈現的形象有何反應?他們會認為你是什麼樣的人?

我除了根據天生的外貌、成長環境、教育背景和生活經驗體認到自己是什麼樣的人之外,當我要確切說明自己是誰時,則是職業生涯界定了

---

* 譯註:羅蘭・巴特,1915-1980,法國哲學家、文學家、社會學家暨符號學家。

我。雖然我在紐約住了近二十五年,不過當初我是在華盛頓特區開始接觸服裝造型這個領域。

我深愛我的家鄉,但老實說吧,除了甘迺迪總統在任那段光華耀眼的時期之外,華盛頓特區可說是個時尚沙漠。布魯克斯兄弟(Brooks Brothers)是我年少時的時裝品牌首選。雖然我對它的商品銷售定位抱持相當的尊重,但它的服裝並不算走在流行尖端。當我還是個在華盛頓特區獨力奮鬥的雕塑工作者、靠製作建築模型維生時,衣櫥裡只有牛仔褲、卡其服裝和T恤,這些對那時的我來說已經足夠了。之後,我在科可倫(Corcoran)藝術與設計學院教三D設計,於是我改以牛仔褲和卡其外套搭配牛津領襯衫。當我開始在科可倫學院的招生處工作之後,由於必須到全國各地招攬學生,因此我添購了幾條領帶和一件海藍色輕便式西裝外套。後來年歲較長、責任也更重,我便又添購了成套西裝——那時我的最愛是一套灰格子花呢西裝。一九八三年,我接受了帕森學院的聘用,搬到紐約市,也把住在華盛頓時的行頭一起帶來。我沒理會紐約這個時尚都會的繽紛撩亂,照常穿著那些衣服,倒也不會顯得怪異,畢竟在這個不夜城,你怎麼穿都行。那時我還沒體認到這個城市能為我的衣著打扮提供更多選擇。不過,很快地我把勞夫羅倫(Ralph Lauren)加進了自己的行頭之列,部分原因是因為這個品牌位於七十二街和麥迪遜大道口的旗艦店內部裝潢,可說是世上最令人讚嘆的設計之一,誰會不想進去逛逛呢?

後來我連續多年擔任帕森學院的副教務長。在那一大段時期,我每天都是打領帶穿西裝——只有灰色、深灰色和黑灰色。老實說,直到轉任時裝設計系的系主任——我原以為只會擔任一小段時間——我才醒悟,開

始意識到自己是什麼樣的人。的確，我終於清醒過來，客觀地審視自己，結果發現我看起來竟像個古板無趣的老傢伙。我開始清楚察覺到唐娜·凱倫（Donna Karan）的瞪視、馬克·傑可柏斯（Marc Jacobs）的竊笑，和黛安·馮·福斯騰堡不屑的噗哧聲*。無論我會在這個位子待多久，顯然都需要改頭換面，但我仍感到遲疑。直到我在一年後接獲此職的長期聘書……我才趕忙跑去置裝！我打定主意要買一件西裝式黑色皮外套。為什麼？因為它正流行，很時髦，而西裝式的剪裁，就定義而言，又帶有中規中矩的內在意涵。

嘿，我只是太明瞭自己並不屬於朵伽迦巴納（Dolce & Gabbana）或Dsquared2之類的奢華性感男，所以西裝式皮外套對我來說正是一件絕佳的過渡時期單品。我在薩克斯（Saks）百貨公司找到一件很棒的皮外套，是德國名牌Hugo Boss，價格令人咋舌 —— 八百元美金。我非常中意，就買下了，然後帶著點暈暈然的感覺走出薩克斯百貨大門，因為八百美金相當於我一整年的置裝預算。我穿過第五大道前往洛克斐勒中心，正好經過香蕉共和國（Banana Republic）服飾店。我知道我的腦袋還昏沈沈的，但我相信自己瞥見店裡有件跟我剛買的幾乎一模一樣的黑色皮外套。可能嗎？我走近看，沒錯，的確差不多。更重要的是，那件外套才四百美金！我立刻買了，甚至還加入會員，現打八折。接著，我再次穿過第五大道，將之前買的皮外套退回去。我覺得很自豪：目標達成，而且還省下一半的錢！對我來說更重要的是，這件外套讓我第一次親身體驗到黑色無與倫比的優點：成熟、俐落，而且永遠不褪流行。再者，你不用老是想著，「它能跟那件衣服搭配嗎？」它是黑色的，當然可以。所以現在我的衣櫃塞滿黑色西裝、黑色外套、黑色襯衫、黑色毛衣，以及黑皮鞋。我再也離不開黑色！

---

* 譯註：前述三位皆是紐約知名的時裝設計師。

我並非鼓吹你每天都該穿同一顏色的同款服裝，但其實大多數人頗滿足於穿著固定形式的服裝。我所謂「固定形式的服裝」，並不是指像電影《超完美嬌妻》（Stepford Wives）中那些雷同的衣服樣式。我的意思是，衣櫃裡應備有多樣款式的服飾單品，而每件都能相互組合、完美搭配。我母親總是問我，怎能忍受自己那麼常穿黑色，還問，「你到底有多少件黑色高領衫啊？」然而我明瞭自己穿什麼會感到自信，因為我知道這些衣服穿在我身上很好看。大致來說，我擁有五到六種服裝造型，而且可拆開來重組搭配。這點使得我每天在考慮造型裝扮時，變得非常輕鬆簡便。我只需查看當天的預定行程，看我要赴哪種約會、見哪些人，然後挑出合適的最佳搭配組合即可。

我想大多數人對自己現有衣物的想法都很類似。換句話說，我們喜歡擁有固定形式的服裝；但並非僅有一套，而是以各種可任意混搭的單件服飾所組成的多套造型。重點在於選出適合你的造型 —— 不只有單件服飾，而是在線條、比例、顏色和質料上都能襯托並凸顯個人特色，又能相互組合搭配的多套衣著 —— 之後就一直依此原則去穿即可。別三心二意！還要記得，一定要合身！

別忘了，所謂的時尚，屬於你的時尚裝扮方式，若沒有真的穿上身，就不可能準確評估；你必須試穿並端詳自己的模樣（因此我比較喜歡有三面大鏡子的穿衣鏡）。說到搭配方式和比例，比例包括了衣服和你身體的關係；也就是說，你的裙擺和鞋子之間形成的比例，還有洋裝前胸部分與你的頸部及雙肩形成的比例為何？若你能仔細審視諸如此類的問題，並妥善配置這些比例（我看不出誰會有做不到的理由），你便遙遙領先其他人了。

當你站在三面大穿衣鏡前，仍需要思考一些問題，避開一些陷阱。在討論這些陷阱之前，我想先談談相關的語彙——即能幫助你針對個人的裝扮選擇，精準提出問題詢問自己的字彙和語句。

有用的字彙和語句

我先提出一個概念：「先學會文法架構，再加入字彙。」大多數人可能會覺得這聽起來很像學習外語的方法。穿著打扮的學問的確類似某種外語。我相當重視語彙的力量；它可釋放出不可勝數的描述性和用以定義的字及詞句，引領聽者或讀者進入一個全新的理解層面。（天，這聽起來似乎太過偉大了，是嗎？）但語彙也可能對其真正的意涵或發言者所想表達的意涵造成干擾、混亂，或不起任何作用。因此我們選擇用來分析人、地、事物的字詞精確與否，尤其重要，而且我們必須盡責地充分明瞭自己想說的話。

不妨就以時裝評論為例；因為我每天都在處理這個議題。我要求學生別用「我喜歡它」和「我不喜歡它」這類字眼，因為老實說，誰在乎你喜不喜歡？你要能分辨出哪點吸引你以及哪點對你合用兩者之間的差別（若你喜愛蘋果綠，但穿在你身上一點也不好看，或許可以把它運用在家居布置上，例如放幾個蘋果綠的抱枕）。評論應與你所看到的特點和（或）不合宜之處相關。雖然我們都是透過受到本身經驗所影響的眼光去觀察一切，但我仍得堅持要求你避免以個人的喜惡來觀察事物。

我經常提醒學生，千萬別在批評、審視服裝的同時，為自己挑衣服。看服裝秀時，我也會如此建議同事。在去年（二〇〇六年）五月帕森學院的學生年度時裝設計發表會後，一位男同事向我抱怨：

同事說：「那套男裝的設計真糟糕！」
我問：「你這麼認為？為什麼？」
同事說：「為什麼？它糟透了！我絕不會穿這種東西！」
我說：「呃，學生並不是為了你設計出這套衣服的。」（我對同事說的最後這句話算是一種暗諷。）

我是否驚訝那位同事竟對女裝毫無異議？一點也不，因為他是為自己挑選服裝！

所以我列出一些起頭句，以幫助你獲得較有意義的觀察與思想交流：

正面的：
「我認為這件（填入品名）很搶眼，因為……」
「我覺得這件很適合我，因為……」
「這件相當吸引我，因為……」

負面的：
「我覺得這件不怎麼適合我，因為……」
「我認為這件對我不合用，因為……」

在思考如何對眼前事物做出反應的同時，我再補充一個建議，即有所表達——任何意見都可以——是很重要的，就算你覺得自己沒辦法找到足以切實陳述的字眼或語句。若你的內心所說的是「不」，便聽從並試著表達出來。

我也建議你避免針對無從改變或不太可能改變的事物、以及無法有所進展的議題做出陳述。前者的例子是「我的腳板太長」，後者的例子則是「我無論穿什麼都顯得很胖」。

年齡陷阱：裝年輕和扮老成

關於裝扮與本身年齡不符的錯誤，最常見的例子便是熟女想裝年輕。不過，我也看過太多年輕女子把自己打扮得像老氣橫秋的學究。後面這個情況或許跟個人偏好有關，雖然我總想不透為什麼。而前面那個情況則純粹是可悲。唯一比它更可悲的是老男人跑去拉皮整形、染髮做造型，穿上一身浮誇的華服。這類花花老公子總會令我不禁搖頭嘆息。

基於某種原因，曼哈頓上東區似乎是祖母級人造豔婦和少女的超級產地。雖然整形外科手術和非手術式的美容科技能成功讓一個人改頭換面，但我倒還沒聽說過有哪種技術可讓埃及木乃伊變成白嫩無皺紋的嬰孩。只要走在平日下午的麥迪遜大道（Madison Avenue）上，你便能遇見一大群有如古埃及王后娜芙蒂蒂（Nefertiti）雕像翻版的貴婦

人，有些身穿迷你裙和細肩帶彈性緊身上衣（冬天則加上貂毛大衣），有些則身穿巴黎高級時裝，通常是拉克華（Christian Lacroix）*的經典服飾，全都令人不忍卒睹。不過我們應該先把這些街頭馬戲秀攔在一邊，因為她們已經無法補救了，不僅太遲，而且她們對此造型也過於堅持。因此，我們還是把注意力放在補救得了的人身上吧。

邋遢學究或者有如電影《瑪咪姑媽》（Auntie Mame）中的老氣秘書艾妮絲・顧許（Agnes Gooch）的造型，會讓年輕女子看起來老了三十歲。跟我共事的人當中，就有一部分屬於此類：她們心目中最理想的宴會服是寬蓬的德國村姑式連身裙。而這類女性表現出來的外型和姿勢，通常活像一袋馬鈴薯；由此可見，她們之所以被貼上老氣標籤，並不只因為服裝，還加上儀態。事實上，即使你只穿簡單的格子花呢裙、基本款白襯衫，加上剪裁俐落合身的外套，依然可以顯得年輕活潑，甚至帶點性感。謹記我們的靈咒：線條、比例、合身。

休閒服陷阱

這只是我的個人看法，還是我們真的變成一個以邋遢形象聞名的國家？幸好我的外婆早在一九八二年過世（她總是一身無懈可擊的套裝加帽子），否則自八〇年代末以降越來越隨便的穿衣方式，會令她承受不了。運動服是出外旅行的必備衣著，早已不是什麼新鮮事。悲哀的是，我對於置身拉瓜迪亞機場（LaGuardia Airport）有如身在一座體育館

---

* 譯註：拉克華，1951年出生於法國的時裝設計師，以鮮豔的色彩和華麗誇張的風格聞名。

內，竟然已習以為常——我甚至對那些絨布運動服視而不見，只求它們僅出現在機場和健身俱樂部就好。不久前，我跟卓越非凡的葛瑞絲·米拉貝拉（Grace Mirabella）去看舞台劇。她是《時尚》（*Vogue*）雜誌前總編輯和《米拉貝拉》（*Mirabella*）雜誌創辦人，衣著裝扮總是高雅出眾。我們坐在價格昂貴得難以理解的最前排座位，但一對夫婦竟身穿同款的成套運動服，匆匆從我們面前溜過去。我們將要觀賞的可是由凡妮莎·蕾格烈芙（Vanessa Redgrave）[1]演出、尤金·奧尼爾（Eugene O'Neill）[2]撰寫的史詩大戲——而不是太陽馬戲團（Cirque du Soleil）。我本想大叫，「葛瑞絲，快閉上眼睛，別看！」但已經來不及了。

此外還有穿著球鞋趴趴走的現象。呃，為何即使在寒冷的冬天，這些橡膠鞋依然隨處可見，只多不少？這種現象是否只會將我們的社會和文化引向一條曲折漫長的時尚退化之路？

[1] 譯註：凡妮莎·蕾格烈芙，生於1937年，英國演員，出身演藝世家，在英國影劇界地位崇高。

[2] 譯註：尤金·奧尼爾，美國劇作家，曾獲諾貝爾文學獎，被譽為美國現代戲劇的締造者。

我並不是要你老是被一板一眼的正式服裝綁得緊緊的，但不妨思考一下
衣著符號學：你是在傳遞你是哪種人的訊息。在寫這段章節時，我正是
一副全然放鬆的居家模樣，身上穿的是牛仔褲和高領衫。即使此刻有消
防隊員破門而入，我也覺得自己的模樣頗能見人（這種狀況並非不可能
發生，好幾年前我就剛巧碰上。某個鄰居自以為看見我家的一扇窗戶冒
出黑煙，其實沒有。好在趕來救火的消防隊員不僅毫無怨言，而且十分
和善）。但我承認，我也有一套邋遢服裝──它們是世上最舒服、但已
經很破舊的T恤和繫帶運動褲──不過我絕不會穿著它們走出自家公寓
大門。即使我要穿著短褲和球鞋到住家附近的熟食店買咖啡、貝果和
《紐約時報》（ New York Times ），也僅限夏天。在極少數例外情況
下，我會特別為會面、應酬或赴約穿著打扮，而完全不覺得自己的服裝
不夠正式或太過隆重。請注意，我所說的並非只是去巴尼（Barneys）
百貨公司購物，或跟黛安‧馮‧福斯騰堡喝一杯。當我們為某事物付出
時，就等於跟某人產生了交集。因此光是穿好衣服走出家門，便算是為
此交集預做準備。喔，夠了，提姆，閉嘴。

我相信辦公室的「週五休閒服日」的概念，對女人造成的混亂比對男人
來得大。我們知道太多男人連基本的衣著搭配概念都談不上，更別提好
品味，於是高爾夫球衫、及膝短褲、球鞋便紛紛出籠。幸好後來得到的
反應不佳，所以男士們也退一步另做調整。另一方面，許多女人將這個
概念視為一種可隨便穿、並持續以休閒裝扮出現的天賜良機。我並不反
對「休閒」這個詞和其含意，但它不能與不合宜的衣著混為一談，例如
把睡衣穿到辦公室。除了難得的少數例外狀況，我在時裝設計系的同事
們大都打扮得有模有樣。但我也跟不少在大學任職的人共事，同樣的形
容詞根本不能用在他們當中一些人身上。不久前，我參加一場會議，與

會的某人（性別在這個例子裡並無差別）竟身穿印有足球圖案的繫繩法蘭絨運動褲。儘管我努力裝出面無表情的模樣，但也無法掩飾我難以苟同的感受！我不記得那人的上半身穿了什麼，光是那條褲子就夠我受的了。

還有，可否容我對各位提出一個請求？請蓋住你的肚子。我總是看到太多人身穿牛仔褲（通常是超低腰），搭配長度只到肚臍上一英吋的超短上衣。除非你擁有非常漂亮的腹肌，而且正在運動，否則拜託拜託，無論如何請不要這麼穿，因為實在太難看了，而且無論哪個年紀的人穿都難看。

奇裝異服陷阱

我知道有些人喜歡收集我所見過最怪異的服飾 —— 我很少使用這麼強烈的措辭。如果它們是能持續挑起同樣訊息的怪異裝扮，則是另一回事，甚至值得欽佩（例如派翠西亞・費爾德〔Patricia　Field〕*1或安娜・佩亞奇〔Anna　Piaggi〕*2）。但毫無連貫性的怪異裝扮，則是陷入了我所謂的「奇裝異服陷阱」。我所認識的這類人，對於自己在衣著上的精神分裂，會用他們不願天天都以類似形象出現的理由來辯解，還表示他們只是覺得好玩而已。是嗎？那麼到底是誰為此付出了代價？你自己！

*1 譯註：派翠西亞・費爾德，紐約時尚名人，電視影集《慾望城市》的服裝造型師，個人穿衣風格大膽奇特。

*2 譯註：安娜・佩亞奇，《時尚》雜誌義大利版時裝主編，個人穿衣風格花俏誇張。

且讓我們再回頭談談衣著符號學。你希望外界認為你是什麼樣的人？若你的答案是「我才不在乎」，那麼你大可繼續我行我素。但若你跟我們大多數人一樣，在意旁人的目光呢？如果我們對自己的裝扮很有自信，而某人並不贊同我們的品味，那也無所謂，不贊同就算了，我們依然有自信。曾有人看著我，挑起眉毛，嘲諷地說，「你看起來，呃，好僵。」多謝。我就是僵！但另一方面，如果有人問，「你究竟為什麼穿了這身男士白色小禮服？」我就會停下來好好想一想，因為我知道這表示我的判斷出了差錯。同樣的道理也適用於會讓你想查看月曆那天是不是萬聖節的任何服裝。

眾所皆知，我對在巴黎時裝週發表的許多設計不表苟同──尤其是英籍時裝設計師加里亞諾（John Galliano）的作品。這點常令我的學生哀叫連連，因為他們當中有許多人對加里亞諾的設計崇拜得五體投地。然而，我主張若你不能穿著某套設計師時裝坐進計程車，那麼它便稱不上是適當的設計，而加里亞諾大多數的時裝作品連貨車都進不去，更別提計程車了。我的學生反駁道，「但加里亞諾的作品有市場，也獲得肯定。」我同意，但那是有限的。每個人的品味各有不同。就這個議題來說，當初許多時裝編輯認為，蘇菲亞・柯波拉（Sofia Coppola）* 導演的電影《凡爾賽拜金女》（Marie Antoinette）會引發一股流行熱潮。是嗎？對什麼的熱潮？裙撐嗎？我可不這麼想。我不認為現在的女人會想把自己打扮得像古裝片裡的臨時演員。

不妨自問，「是我在穿衣服，還是衣服在穿我？」如果答案是後者，那麼你就是陷入了奇裝異服陷阱。

---

* 譯註：蘇菲亞・柯波拉，電影《教父》導演柯波拉之女，曾因電影《愛情不用翻譯》獲奧斯卡金像獎。

誰是凱特？凱特是我的一位好友、同事，也是帕森學院的時裝設計系副主任，以及一位心靈夥伴。她是我所熟識的人當中，唯一我信得過能合作撰寫此書的人。如果少了她，我便不可能答應寫這本書。比我小一輪的凱特，以我無法理解的態度體察這個世界，她總是孜孜不倦地研習社會與文化，也是我所認識的少數真正博覽群書的人。再者，凱特還擁有出色無比的時尚概念，她正代表了「質感、品味、風格」！

我們盼望能夠質疑你，挑動你，促使你對自己心中的設想提出疑問。我們的目的是讓你對真實的自己具備堅定不移的自信。擁有真實的自我，擁有屬於你個人的型。

盲點： 　　檢視「你是什麼樣的人」，並非要你把這個過程當做一個從老氣
　　　　秘書化身為星際女俠的好機會，也跟動搖你的基本觀念或完全變
　　　　身無關。

　　　　你應該將自己的轉變視為一種個人長處的增強和凸顯，而不是把
　　　　它當成某種服裝樣版的證人保護計畫，期待由此便能獲得一個新
　　　　身份。

第二章

合身的難題

✳✳✳✳✳✳✳✳✳✳✳✳

The Fit Conundrum

課題：	我們都力求自己所有的衣服能合身到有如真皮手套貼合我們的手一般。基於每個人的比例和尺寸各不相同，有時我們頂多只能找到像毛線手套般稍鬆但還算合身的成衣。

在這一章，我們將討論不同體型如何穿著最好看，以及為何你穿得下香蕉共和國的二號衣服，而穿你姨媽年輕時的十四號古董衣也剛剛好。

這並非魔術，也不是用了南灘飲食減肥法（South Beach Diet）；事實上，這些根本無關緊要。此章將要討論的，不是衣服標籤上的尺碼為何，而是如何找到正好合身的服裝。

所以，請繼續讀下去吧。

「她的模樣就像有人用草耙將衣服往她身上堆似的。」

—— 強納森・綏夫特（Jonathan Swift）* ——

* 譯註：強納森・綏夫特，1667-1745，愛爾蘭作家，作品包括《格列佛遊記》
（Gulliver's Travels）和《野人芻議》（A Modest Proposal）等。

在所有衣著問題當中，最容易解決的是合身度。我們當然都同意，褲子不應該長到堆一堆布料在鞋面上，外套也不能緊到讓我們的手臂無法伸展。可是，許多人依然會穿太大或太小的衣服。當他們問，「我看起來如何？」我們會忍不住想回答，「像一袋馬鈴薯」或「像被腸衣束得緊緊的香腸」。

這些人是敗在不合身的衣服上。記得，這個議題不是關於尺寸——你的身材尺寸——而是關於衣服的尺碼和剪裁，以及它們能否凸顯出「你一切的美」（all the things you are）。這句詞，沒錯，是出自傑若姆．

柯恩（Jerome Kern）作曲、奧斯卡‧漢摩斯坦二世（Oscar Hammerstain II）作詞的經典爵士歌曲。這兩人的身材大不相同——奧斯卡的身材高壯魁梧，傑若姆則否——他們在創作膾炙人口的美妙歌曲的同時，也能把自己的外表打理得很好。儘管兩人是一對相得益彰的創作搭檔，但假若奧斯卡把傑若姆的外套穿上身，就會顯得很可笑；反之亦然。不過這類狀況依然每天都看得到：許多身材仿若漢摩斯坦的人一覺醒來，便想方設法擠進柯恩的衣服裡，而身材仿若柯恩的人，則認定正在大打折的毛衣即使太大，只要把袖子捲起來就能穿了。

再者，某些比漢摩斯坦更高胖的人——例如屬於超大尺碼的男男女女——仍相信穿上比自己身材尺寸更大的衣服，便能掩飾腰圍和體重。事實並非如此；它們反而會凸顯這一點。我們曾目睹自七〇年代開始流行的夏威夷式無腰身寬鬆連衣裙，橫掃頂樓公寓派對到泳池畔等各個場合。我們並不否認它的舒適，但即使是纖瘦的女子，穿上它也會像個走在人群中的活動浮筒。夏威夷式無腰身寬鬆連衣裙絕對跟打掃時穿的家居服相去不遠（可參照一下雪莉‧布絲〔Shirley Booth〕在電影《蘭閨春怨》〔Come Back, Little Sheba〕中的造型）。

不妨想想質感、品味和風格的大尺碼代表——典型的女聲樂家，即首席歌劇女伶。我們常會把美國黑人女高音黎昂婷‧普萊絲（Leontyne Price）跟奧黛麗‧赫本放在一起做比較。屬於廿四號尺碼的普萊絲深知，以她的身材比例，何種服裝比例安排穿起來最好看、哪種顏色最適合她的膚色，而她亦明瞭合身有多重要。此外，她也很清楚正確的姿勢和儀態能為自己帶來無比的好處。而與普萊絲身材差異極大的奧黛麗‧赫本，也採取同樣的做法。想想奧黛麗‧赫本的那些經典造型：她的

服裝線條簡潔分明，並盡量捨棄繁複的裝飾，頭髮往後梳成髻，或留短髮、蓄短瀏海。這兩位女星都未曾嘗試任何與本身特色不符的裝扮，而且總是顯得優雅出眾。尺寸大小並不重要。

過大尺碼服裝俱樂部

合身是我們裝扮時最常忽略的一點；也就是說，大多數人身上穿的衣服，不是太大，就是太小，或兩者兼有。為什麼？就衣服太大這點來說，理由可能是為了舒適。我們的原則之一是，假使你穿衣打扮的目的，是為了讓自己感覺像還賴在床上般舒服，那麼就別費事了。

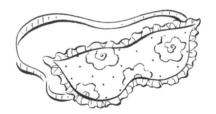

你該做的是起床。拖地的褲管、快蓋過膝蓋的上衣、下擺達腳踝的外套，這些衣服顯然都太大了。對我們的看法不以為然的人說，他們就是喜歡鬆垮衣服所形成的皺褶。是嗎？活像小帳棚的上衣，實在跟我們所謂漂亮的皺褶式服裝相去甚遠。事實上，這叫邋遢。如果你正是過大尺

碼俱樂部（指服裝上的）的會員，不妨拿些曬衣夾做實驗。用衣夾夾住衣服的幾個關鍵部位，看看若衣服合身會是什麼模樣。你會發現自己看起來比較清爽俐落，也比較人模人樣。*

穿過小衣服的做法，也沒有好到哪裡去。衣服繃得緊緊、還擠出一條條褶痕的活動香腸，跟會走路的帳棚一樣，談不上賞心悅目。事實上，看到某個女子身上的肉彷彿快從衣服裡蹦出來，還頗傷眼的。

而對於穿了這類衣服的人來說，身體肯定非常不舒服。不妨告訴你學院裡一位年輕女生的故事；她可說是將此謬誤發揮到極致。無論她穿什麼，從胸罩到鞋子都是小了好幾號的尺碼。這位小姐——姑且稱她「維樂麗」（Valerie）——在校園裡基本上是跛著腳走路的，連爬樓梯都會喘不過氣，因為她無法好好用她的肺部正常呼吸。一群同班同學看不下去，決定插手。不幸的是，維樂麗表示，那些小得令人窒息的衣服，能讓她看起來較纖瘦。太荒謬了！我們一直沒聽說同學插手干預後的進展和結果如何，也不知道維樂麗是否去看了心理治療師。希望她已獲得援助。

---

* 作者註：我的母親正屬於過大尺碼服裝俱樂部的一員，而我絲毫無法動搖她的觀念。她硬是堅持錯誤的方式，認為穿XXL號衣服可使自己顯得比較不胖（反過來說，就是看起來比較瘦）。真是個做了錯誤示範的媽媽。

尺碼只是一種概念。但我們總會因此而習慣性地想，「啊，我是六號，所以我的身材棒極了！」然而，女裝上的尺碼標籤（幸好，它沒有困住男人……還沒有）只是一種銷售導向的策略，為的是讓大眾難以認清美國人的腰圍愈漸增長的事實，並強化尺碼的迷思。後果便是一個大難題：「我屬於哪個尺碼？」

訂定虛幻的尺碼，是零售業發明的花招，而非時裝設計業。其構想如下：試想某位消費者在面對本身實際尺碼的真相時可能造成的後果；也就是說，她並不屬於自己向來以為的十號尺碼，而是十八號。零售業者擔心這樣會使消費者在吃驚之餘，空手奪門而出。當然，當一個人發現這些號碼多麼不可靠時 —— 這可能需要幾回試穿實驗 —— 便會把注意力轉而放在合身度，而非尺碼上。

零售業者似乎相信他們可透過此一花招獲利，但我看不出它對消費者有什麼好處。我們姑且大膽猜測，這種做法其實會讓零售業者的顧客流失，因為顧客不可能總會有空試穿同款裙子的四種不同尺碼，所以她們最後就會把不合身的商品退回去。

那麼，為何沒有規格化的尺碼存在？其實是有的（我們在帕森學院也教過），但若過於拘泥這點，便會被誤導到差之千里的方向。為什麼？因為它等於暗示消費者，所有品牌的尺碼，例如八號的衣服，大小完全相同──其實不然。為什麼？這牽涉到兩個因素。首先，衣服的設計決定了腰線位置、袖子長度、裙子長度、外套身圍等等。這些條件決定了為何有些衣服合身服貼，而有些則鬆垮寬大。第二個因素則跟價位有關。比方說，為何一件八號尺碼的唐娜‧凱倫基本款黑色洋裝（約一千五百美元），和一件同尺碼的唐娜‧凱倫副牌DKNY基本款黑色洋裝（約三百五十美元），兩者穿起來的合身度不同？因為較高價位服裝的尺碼訂定方式，四十年來未曾變動，而較中低價位者則已有所調整。高價位的設計師正牌服裝，從未改變過它們的尺碼訂定方式。你母親在二十年前買的奧斯卡‧德‧拉倫塔（Oscar de la Renta）* 小禮服，當年的六號尺碼跟現今的一模一樣。（值得一提的是，歐洲尺碼──從高價到中低價品牌服裝──倒是從未更動過，但這又是另一段故事了。）

所以，DKNY的八號尺碼服裝，實際上等同於歐洲尺碼的十至十二號。不妨拿這個品牌分別於一九八四、一九九四和二○○四年生產的三件洋裝做比較。光是腰圍大小，前後便相差了整整兩吋之多：一九八四年，廿五點五英吋；一九九四年，廿六點廿五英吋；二○○四年，廿七點五英吋。很有意思，是嗎？但試穿時真會令人感到困惑。零售業者之所以

---

* 譯註：奧斯卡‧德‧拉倫塔，1937年生於多明尼加的時裝設計師，曾被譽為美國十大設計師之一。

做這種尺碼上的更動，完全是因為怕女性顧客若看到自己不喜歡的尺碼數字，就不會買了。

或許一般人會被尺碼數字嚇到，但真正懂得穿衣的人會對標籤上頗刺眼的數字抱持超然的心態。以下這個概念或許有助於培養這種心態，即最好不要購買現成的架上商品。悲哀的是，我們大多數人都不願意或無法體驗穿著量身定做服裝的樂趣，而必須仰賴店內的現有服裝，或「架上的商品」。然而，即使是擁有標準衣架子身材的人，也無法總是能夠在服飾店裡找到完全合身的衣服。試想：我們的身材各不相同，卻期待自己穿每家品牌的同一尺碼服裝都非常合身。不覺得這種想法挺可笑嗎？

若你穿上某件衣服很好看，又何必在乎它是什麼尺碼？事實上，這個問題幾乎可以當成一樁禪宗公案：假使八號尺碼穿起來很合身，但會使我顯得較胖，而十號尺碼穿在我身上非常優雅服貼，事實上，能讓我看起來較瘦，那麼哪一個才真正算是「較大」的尺碼？結論是，若你實在很在乎較大的數字，不妨一回家就拿小剪刀把標籤剪掉。

那麼，你如何清楚知道該買哪一個尺碼？唯有試穿！除非你熟悉、也常買常穿某家品牌的衣服，否則別先認定衣服會合身。基本上，所有大量生產的成衣品牌（較中低價位者）都採取了訂定虛幻尺碼的策略，因為它們的基本客層相當廣，遍及全美大部分地區。所以你該怎麼辦？在選購時，不妨拿你覺得會合身的尺碼，以及比它小一號和大一號的尺碼試穿。也許你會覺得自己比較喜歡大一號尺碼衣服略長的長度，或小一號衣服較服貼的感覺。若不親自試穿，就不可能知道。

輪廓線條和比例

一旦解決了合身的難題，你的裝扮就完美無缺了嗎？恐怕不然。我們很想讚揚黃金分割比例，即西方世界解讀形狀和比例時的萬靈丹，但它在實際運用上可能會相當複雜，尤其當我們須考慮到的可動要件如此繁多。你的身體具有形狀和比例，身體的每一個部位也具有形狀和比例，而每一件服裝也有其形狀和比例，你都必須一併檢視和評估！

既然手邊沒有一組依真人量身定做的紙板立牌（這是個不錯的點子，對吧），我們不妨以想像的方式，看看哪種輪廓線條和比例，是你應採用以及該避免的。而我們也假定大部分讀者都有一個希冀達成的共同目標，也就是找出能相輔相成的比例和輪廓線條，讓自己的身材顯得高挑纖瘦。

試著先從下面幾頁中找出你所屬的身材類型。大多數人可能跟一種以上的類型相符，只需選取適用的部分，混合搭配即可。你也許屬於矮胖或瘦短身材，不用擔心！儘管我們都會對自己身材的某部分不甚滿意，但無論是蘿蔔腿或飛機場，都絕不應該成為阻礙你達成目標的理由。一切皆有因應之道。

雖然不用說大家也知道,但還是別忘了,體型的時尚潮流是會改變的。
看看呈現四〇和五〇年代夜店景象的任何照片;舞池中有多少女子擁有
圓胖的臂膀,而它們的擁有者無疑還頗滿意自己的外表。[1]今日我們
之所以會被那些臂膀嚇得倒抽一口氣,是因為人們不斷告訴我們,除非
身材的某部分夠好看,否則就該嚴嚴實實地藏起來,就像羅切斯特先生
(Mr. Rochester)[2]把他發瘋的第一任妻子關起來,以免她攻擊新來
的家庭女教師般。但我們也不是要大家把啤酒肚露出來或穿起熱褲,而
是要求你以合理的眼光評量自己的身材缺點。

以下為幾種體型分類：

你的腰身較長、腿較短：

你希望能降低腰身的比例，營造出腿較長的視覺效果，因此高腰服相當適合你。腰部以下可考慮同色調的服飾，最好是相配的褲子、皮帶和鞋子（有跟的為佳），因為這樣能讓它們看起來像是成套的，而達到比例增加的效果。應避免褲腳翻邊或過寬的褲子。

你的腰身較短、腿較長：

有雙長腿，是我們所謂「不算問題」的問題。換句話說，這並非缺點。你所要做的是在視覺上營造出較低的腰線，從而稍微修短雙腿的長度，改善整體比例。若你的腿很長，展露出來也不為過。要點在於選穿蓋過上半身、長度正好到髖部的上衣。這種體型很適合穿低腰褲和裙，只需搭配較長的上衣即可。避免所有高腰服裝、寬皮帶（抱歉，雖然我們也很喜歡這種樣式），以及任何有橫狀圖樣的上衣──橫條紋當然也屬此列，而某些印花圖案也可能具有橫紋的視覺效果。

你的胸部很豐滿：

除非你是桃莉・芭頓（Dolly Parton）*（若你的確是；嗨，桃莉！），否則你會希望胸部不要那麼顯眼。最好的做法是嘗試拉長頸部和軀體等部位的比例，以分散視線。不妨選穿無領敞口、或是翻領且領口深窄的基本款無綴飾上衣，褲或裙則以淺色為宜。最好避免任何寬鬆或有蓬度的上衣，並且不論什麼樣式，服裝的上半身都不宜有大塊圖樣。記得，你的上半身已經夠醒目了，所以保持簡單吧！降低胸部的視覺比重，並不表示你得把胸部束得不成形，也不代表你得永遠把它藏在半高領衫裡。

* 譯註：桃莉・芭頓，著名的美國鄉村歌手，胸部非常豐滿。

你的胸部很小：

也許有人會想特別強調這一點（就如我們認識的一位高雅成熟的紅髮女子，便做到淋漓盡致的程度！），但一般人大多希望能降低它的顯眼程度。若你的身材各部位都相當嬌小纖細，那麼就毋須太在意胸部的大小；只有當胸部和身體其他部位相比時，在比例上顯得很小，才稱得上是個問題。就這點來說，你適合穿著寬領和翻領的上衣，以及胸部有口袋的所有服裝。帝政風格高腰服（empire　waist）*（約瑟芬皇后，謝謝你）穿在你身上也很好看，因為這種樣式當初正是為你這類身材的人所設計的。軛領上衣和洋裝也非常合適。別羞於在上衣內加縫胸部襯墊──你可以自己縫，或請熟識的服裝修改師或乾洗店老闆代勞。它能使你的上半身較有型，也可讓你顯得較豐滿。

有小⋯⋯或稍大的肚子：

好，這問題有點挑戰性，但也有不少降低顯眼程度的辦法（我們知道自己用了很多次「降低」二字，但它在諸如此類的情況下很好用，因為這些建議並不能讓缺點消失，而是減低它們的明顯程度）。做法是將他人的視線引到你的臉和（或）雙腿，以分散對你身軀中段的注意力。較長的上衣，例如開襟羊毛衫、束腰式外衣，以及較長的外套，都是不錯的選擇。腰部稍做收束設計的上衣可增加纖瘦的視覺效果，尤其是從正面或從背後看時。至於洋裝，這又是另一個永遠適合體型不完美者穿著的高腰服出場救援的例子。褲和裙則應選擇腰腹部平坦無襉褶的設計，千萬不可打褶，拜託！此外，最好避免任何有雙排釦、束腰式的腰頭設計、或是繫腰帶的服裝。還有，把你衣櫥裡所有短或半短剪裁的衣物──短上衣、短外套、任何半短或半長褲──全部扔掉！

---

* 譯註：十九世紀初由拿破崙的妻子約瑟芬引領的服裝樣式，腰線拉高至胸部下方。

你有個大……或龐大的臀部：

現在輪到一般人當中的大臀山了。首先，你不妨考慮深色系服裝；這應該很簡單。你的體型會很適合穿短裙，不過最好選擇腰腹部無打褶、稍窄的錐形窄裙，長度及膝（最好視你的雙腿和裙子的整體比例，來決定裙襬該到膝蓋的哪個位置）。長褲應選直筒剪裁，腰腹部當然還是不可打褶。上衣最好選擇能強調你的雙肩者，以分散對你的下盤和後臀的視線，因此以長度達髖部的上衣為宜，但千萬不能剛好到你下盤最寬的部位，否則會慘不忍睹！避免任何會引人注意到此部位的多餘設計，例如打褶、荷葉飾邊或縐褶，也不可有口袋，以及任何橫紋圖案和大面積的印花。此外，最好避免所有花式紡織或厚織的質料。

你的身材矮小：

我們所知道的一些最耀眼動人的女性，身材都很嬌小。你的身材或許不容易營造出高度拉長的視覺效果，但依然可以辦到。你相當適合穿高腰長褲、裙子和洋裝，最好是單色。不妨選擇在視覺上具有垂直效果的剪裁，例如有前中縫線，或採用彎形開刀縫法製作的服裝。避免在視覺上會切割身長的及腰短上衣和外套，以及所有打褶和繁複誇張的裝飾，例如蝴蝶結、荷葉邊等。你也應避免任何短或半短樣式的衣褲。

你的身材高挑：

這又是另一個不算問題的問題；你只需接納這個特點即可。對高挑的女子來說，最大的挑戰是找到長度恰到好處的衣服。若是長褲，只要你負擔得起，選購最好的貨色是值得的。通常價格越昂貴的長褲，長度也越長。另一個比較少被提及的麻煩部位是腕部──許多衣服的袖子都太短了。別以為沒有人會留意；某些人偏偏就是會注意到。身材高挑是好

事，只要你看起來不會像個穿了過小衣服的女巨人就好。此外，最好避免過長和太寬的服裝。還記得電視影集「茉德」（Maude）* 裡的碧亞瑟嗎（Bea Arthur）？此類服裝穿在劇中那位四十七歲、住在紐約塔卡荷區（Tuckahoe）的女主角身上，或許很合適，對你則不然——即使你真的是一位來自塔卡荷區的四十七歲女性。

---

* 譯註：「茉德」為1972年開播的美國電視劇，由碧亞瑟主演。她另一知名的電視劇作品為「黃金女郎」，在劇中她飾演聰明高大的桃樂蒂。

盲點： 特別留意外套的合身度。大多數人認為，大衣和外套稍大一點比較好；其實不然。它有可能讓你看起來活像個會走路的馬戲團帳棚。

太多人在選購外套和大衣時，會考慮該買哪個尺碼，穿最厚的衣服時才塞得進去。假若你住在北極，這個考量或許還算合理。

但在大多數情況下，你反而會讓自己看起來像不小心穿了巨人的衣服，或是米其林輪胎人。

第三章

診視一般人的衣櫥

* * * * * * * * * * *

Diagnosing the
Common Closet

衣櫥是什麼？
只是有如一本蒐羅了我們曾面試和刷掉的各類人物的名冊嗎？

其實掛在衣櫥裡的那些衣物正提醒我們，自己是什麼樣的人，我們曾是什麼模樣，以及我們曾希望自己成為哪種人，無論好或壞。這也難怪它們的樣貌顯得有點模糊混亂。

在這一章，我們將針對理論和實用面，以雙管齊下的方式整頓這些衣物。不妨將此章視為一段探尋你衣櫃的真實面貌之旅吧。

「我愛美國，也愛美國女人。
但有樣東西卻令我大為震驚──美國人的衣櫥。
我難以相信，
擁有如此多衣物的人有辦法把自己裝扮得漂亮得體。」

── 安德莉・普特曼（Andrée Putman）* ──

衣櫥經常是我們收藏東西的地方——不可外揚的事物、禁忌的愛、無法退回的爛生日禮物。因此，當我們一邊思考該穿什麼，一邊盯著這個漆黑的無底洞時，不僅會感到心驚，也會覺得洩氣。那件在佛蒙特州（Vermont）古董店買的蕾絲寬鬆短上衣？那些早在你把它們挑出來買下的那天就已經嫌小的絨布牛仔褲？那件你專為某場宴會準備、卻從此再也不可能穿的小禮服？這些東西你全都記得。你怎能忘得了？每當你打開衣櫥，它們就在裡頭瞪著你。是把舊帳一筆勾消、重新設定衣著造型的時候了。

實用面

我們就從最基本的方法開始整頓你的衣櫥，讓它步上齊備有序的正軌。各暢銷雜誌早已陸續刊登過千百篇有關整頓衣櫥的文章，想必你至少讀過其中一篇。拜當前美國對收納整理的熱潮以及隨處可見的加州壁櫥公司（California Closet）[1]廣告之賜，使得衣櫥似乎理所當然地成為人們家中的要件[2]。除非你的衣櫥大到足以請客人進去參觀——若果真如此，養成這個習慣前請先三思——否則就毋須為了裡面沒有精美的雞翅木（wenge）[3]牌頂級織錦軟墊而煩心。一個實用的衣櫥本身便是件美麗的家具，根本沒必要覺得羞於示人。重要的是，衣櫥應該是一個能讓你輕鬆挑選服裝的空間。

在我們開始進行清理衣櫥的工作前，請先在衣櫥旁騰出足夠放置四大類不同衣物的空間。我們很快就會回頭來討論這四類衣物，以及其中該包括哪些。

[1] 譯註：加州壁櫥公司，1978年創設的收納空間設計公司，生產各種不同功能的收納櫥櫃。

[2] 作者註：我承認，身為紐約這個偉大城市的居民之一，我對衣櫥有個看法：它是一個既稀有又珍貴的空間。過去十五年來，我都住在同一間公寓；它位於1865年興建的赤褐色砂石樓房頂層，室內包括總長度僅七英呎的三個置衣間。結果，我必須運用極大的自制力，才能避免柯里耶兄弟症候群（譯註：Collier Brothers Syndrome，一種強迫症，患者會收集各種廢物，即使家中已堆到無處容身也絕不丟棄。此症以患者柯里耶兩兄弟為名，他們過世後，從其共同居住的公寓中清出了多達一百噸的廢棄物）發作。這種麻煩的病症會使人喪失清理廢物——包括舊報紙和雜誌——的能力，最後導致死亡。千真萬確。對了，柯里耶兄弟當年也住在紐約。巧合嗎？我不這麼認為。

[3] 譯註：雞翅木，原產非洲，常用於製造高級家具。

有誰從未經歷過衣櫥塞得爆滿、卻仍找不到合適衣服穿的沮喪感？我們認為，之所以會產生這種感覺，是因為你知道現有衣物所能賦予你的形象，跟你希望在某些已知情境中呈現出來的理想形象有所落差。我們的目標即是將現有衣物跟你認為能傳達合宜形象者之間的差距縮到最小。不過，只有把那些無法讓你在穿著時真正感到快樂和自信的衣物清理掉之後，任務才能達成。如你所知，這是個複雜的工作。不斷發掘讓自己快樂的事物，跟發掘「真實自我」有密切的關連。而這個議題從西塞羅（Cicero）[*1] 擔憂桂冠的榮耀太不符合他的本性以來，便縈繞在無數人的心中。

談到整治衣櫥，其實丹麥哲學家齊克果（Soren Kierkegaard，1813-1855）倒能給予你極大的幫助。身為《恐懼與戰慄》（*Fear and Trembling*）一書作者的他熱愛歌劇，並被維根斯坦（Ludwig Wittgenstein）[*2] 譽為「十九世紀最深刻的思想家」。他並不會明確告訴你該把哪些五分褲扔掉，但他會提供你兩個非常有用的概念。

我們是在齊克果一八四三年的著作《或者／或則》（*Either/Or*）第一冊中發現這兩個概念的。第一個概念或許在你讀到上面那句時，便已了然於心。這本書的內容正如其書名，是與抉擇有關，而這正是他建議你去做的：抉擇。事實上他表明，若你不為自己做出抉擇，別人便會代你去做。我的天！這個淺顯但有力的概念，不僅僅是一個人生課題，也是一切個人風格的基礎。此處提到的「個人風格」，跟時尚編輯、名人或流行歌手口中所說的不同──那只是「當季特選」的代換詞──而是一

[*1] 譯註：西塞羅，BC106-BC44，古羅馬政治家、演說家暨哲學家。

[*2] 譯註：維根斯坦，1889-1951，生於維也納的猶太裔英籍哲學家暨數理邏輯學家。

個人內心對衣著打扮真正的想法。聆聽不總是件易事──尤其當一個人在緊身窄管牛仔褲流行之際，內心最想穿的其實是喇叭褲時──它需要練習與決心。在過程中，你可能難免犯錯，但透過將衣櫥內的衣物去蕪存菁的過程，你將會獲得勇氣和自傲；如此回報是很值得的。

以下過程最後應能幫助你將衣櫥內的衣物分成不同的四大類。

選出何者該保留或丟棄的工作，可能會令人生怯，但若我們聽從齊克果的話，就沒什麼好怕的。他建議，未經折衷調解所做出的抉擇，就是唯一絕不會讓人後悔的決定。這意味著你毋須為了要或不要保留連身褲而考慮半天。但若你非問不可，答案是：扔掉吧。不過，若這件衣服會引發內心愉快的悸動，就把它歸到第一類：**內心悸動類**。記得，歸到這一類的不只是精緻美觀的衣物，你偏愛的那件棉質無袖上衣也屬此類。

若某件衣物你很喜歡，但需要清理或縫補，則歸到**修整類**。現在你每個禮拜有整整五天的時間可以將衣服送去乾洗店或服裝修改店；別把衣服擱著不管。若你覺得這也沒什麼關係，或許它沒有重要到值得你送修或送洗。

令人感到不快、不適宜或無法穿著者，則歸到**送走類**和**丟棄類**。等你把屬於**內心悸動類**和**修整類**的服裝從衣櫥裡挑出來之後，我們再來看看剩下的是哪些，並決定它們該如何處理。

不適合的衣物

這個類型的範圍很廣，從之前提到的絨布牛仔褲，到合身但穿起來不好看的衣服，都涵蓋在內。沒有理由讓那些無法令你感到愉快的東西白白佔據衣櫥空間，因此它們必須清理掉。或許你喜歡折磨自己，忍不住試穿多年前買的牛仔褲，看看鈕釦是否還扣得上。然而，衣服的存在並不是為了羞辱它們的擁有者，請不要強迫它們充當心理折磨的刑具，畢竟衣服並不是針對此一目的而設計的。再者，請對自己仁慈點。它們已經不合身了，扔掉吧。

價格昂貴到如果丟棄會令你產生罪惡感的衣物

既然錯誤已經造成，就為你並不愛的這些衣物找個新家吧。它們尤其有害，因為每當你看到它們，都會想起自己揮霍下去的金錢，因此會感到內疚、煩心和自責。這個章節的目標是去除任何由衣櫥內容物引起的不快，所以，請務必把這類衣物清理掉。既然你一直沒穿，它們的狀況理應還保持得很好，因此別放到**丟棄類**。在將它們放到**送走類**的同時，不妨在心中慎重發誓，絕不可再愚蠢地花大錢買這類衣物。請跟著我覆述：便宜就是有型，便宜就是有型，便宜就是有型。看吧，好多了。若你覺得自己非得買件東西做補償，而它也具有一定的價值，不妨去二手商品店尋寶。不過eBay的流通速度比較快。

上班服

或許你早已將上班穿的服裝跟你偏愛的衣物放在同一堆。若真如此,太好了!許多人,尤其是那些在比較保守的辦公環境工作的人,常會發現自己的上班衣著和假日裝扮之間有很大的差距。檢視你的上班服時,別忘了齊克果的建議。你是否**選擇**跟你辦公室每位女同事一樣的黑色寬筒長褲?也許這是因為你將所有個人特質都保留到假日和下班後,才表現在衣著上?若你白天是一副老學究的模樣,而假日和下班後則變身為百老匯歌舞劇女星,你便需要做些調整。

有很多方式可幫助你將歌舞劇女星造型的些許元素,注入上班服當中。工作已經夠累人了,沒必要還得穿著毫無光采、死氣沈沈的服裝。何不試著將一些你偏愛的別緻衣物跟上班服混搭?這並不是說簡單的基本款服裝有什麼不好,一件精緻大方的深灰色寬筒長褲可令人眼睛一亮,而一件古板無趣又不合身的西裝外套則否。注意,此處特別提到不合身這一點。若那件外套雖然古板無趣,但穿在你身上很合身,而且讓你在面談時感到自信愉快,那就跟一般同款外套大不相同了。

我們都需要實用的衣物,但要點是必須確認它們本身不僅樣式精美,也能為穿著者的外型加分。假若你不會希望讓前男友看到你目前的樣子,那麼由此便能判定你對衣物的要求標準應該可以再提升。至於其他的上班服,如果你的反應最多只有「呃……」,我們會鄭重建議你清理掉。

基於不明原因從未穿過的衣物

或許你把這些衣服拿出來試過，但又把它們掛回去。你也可能每次都乾脆直接略過，就像某樣放在冰箱冷凍庫太久、你再也不會想碰的食物。你已經拒絕它們太多次了，讓它們離開吧。

認為以後可能會再度流行而保留下來的衣物

沒有一種造型會怪異或難看到絕不會重回時尚舞台。近年來，這種情況更是以令人目瞪口呆的速度一再重演。許多女人曾對緊身內搭褲（leggings）將再度流行的說法嗤之以鼻，但看看現在，它們又回來了，而且大為風行。不過，一個人能擁有的衣櫥空間就只有這麼大，況且誰也預料不到某個熱潮在下一回（或第三、第四回）捲土重來時，是否也同樣吸引你。所以最好別再留戀，向前看吧。

令你想起往日歡樂時光的衣物

這些是你絕不可能再穿、只純粹基於心理因素而保留下來的衣物。上面印著「六十歲生日快樂，厄夫！」的T恤，或得知考上研究所時穿的那

件舊毛衣。的確，它們令你想起往日的美妙時刻，但還是得清理掉。厄夫生日當天的情景，還有收到厚厚的錄取通知時的興奮，都會永遠保存在你的記憶裡，就讓其他衣服接棒繼續新的人生歷險吧。如此一來，你不僅依然保有美妙的回憶，同時還擁有更大的衣櫥空間，這才是雙贏的做法！

多餘、重複的衣物

也許你覺得最好的休閒方式，是花一整天時間，在你家附近的購物中心跟一大群人爭搶一件你已有類似款式的羊毛衫，因為……誰會不需要十二件黑色安哥拉羊毛衫？若你血拼起來就像一個醉得腦袋不清的水手，你很可能擁有多到穿不完的衣服。這會導致衣服蔓延症候群（Creeping Closet Syndrome）──即家裡被一大堆衣物佔領的可悲狀況。*

*作者註：我曾親眼目睹這種情形。我母親在德拉瓦州（Delaware）海濱（有美國瀕大西洋岸中段的漢普頓之稱）建了一棟漂亮的樓房，裡面幾乎被櫥櫃塞滿。她一個人住，屋裡總是保持得相當整潔。但每回我去探望她，衣櫃或櫥子永遠沒有空間讓我放東西。事情的來龍去脈如下：她建了一棟兩層樓的房子，這樣她就能把一樓當做專屬的生活空間。二樓則包括通往一個大閣樓的出入口，以及一個可俯視客廳和玄關的樓面空間，光是此處就擺了兩個櫥櫃。二樓還有兩間客房，都各有一個大衣櫥。但所有櫥子都塞得滿滿的。幾年前，我將閣樓裡沒用的東西清理掉，讓我母親有個整潔寬敞的空間。第二年聖誕節我回家度假，她要我在離開前幫她把聖誕飾物收起來。當我一打開閣樓門，便忍不住苦惱地大叫。她居然在裡面裝了一個跟房間等長的衣桿，上面掛了滿滿的衣服。啊啊啊！

例外

我們不願承認有例外，但在某些極罕見的特定狀況下，是容許保留某件從未穿過的衣物。我們都曾問過年邁的親戚，為何他們沒有將我們曾在老照片裡看到的某件精美服裝保留下來。留東西給後代子孫是可以的；不過大致而言，每一家的衣櫥裡，不太可能有超過一件值得留給未出世的孫子女當傳家寶的衣服。所以評估時眼光一定要嚴謹銳利。

若你的身材正處於變化極大的階段 —— 例如減肥或懷孕 —— 當然有理由保留那些你大概很快就能穿的衣服。不過老實說，若這十年間你都還在減那最後的十磅肉，何不清出空間給現在就穿得下的衣服？把握今朝，及時行樂吧！

準備好了嗎？開始！扔，扔，扔到**丟棄類**。你必定會對擺脫舊衣物後的那股輕鬆暢快大感驚喜。此刻你便能運用衣櫥內的衣物來表現你是什麼樣的人了。你已感覺自己漸入佳境，何不讓你的衣櫥也如此？

做得好！你已經去蕪存菁，只留下賞心悅目的衣物。現在它們都堆在一起，沒有迷失在衣櫥的某個角落，渴望著有天能被選上，在你的整體造型中扮演一角。換個角度來說，你所喜愛的這些衣物是否有共通之處？都是淺色，絨毛飾邊？還是豐厚的質料和灰色調？有時，看著自己最愛的衣物全集中在一起，可能會感到有點震驚。你或許原以為自己屬於賈桂琳‧歐納西斯型，結果卻發現自己最喜愛的衣物竟然比較接近歌舞雜劇女星坦普絲特‧斯托姆（Tempest Storm）那一型。該怎麼辦？

首先，恭喜——你的內心終於發聲了！這是一個大發現。不妨仔細審視這些衣物，它們有什麼共同點？輪廓線條是否相近？它們是貼合腰身，還是輕薄飄逸？你可將這些衣物的共同點視為它們的表現形式。比方說，若你喜愛的衣物偏向輕飄型，那麼從頭到腳穿得像個仙女，就算不上是個好主意。但能確定的是，每當你打開衣櫥門，看見裡面的所有衣物時會感到愉悅。現在就讓我們回頭談談齊克果的兩個重要概念中的第二個。

不妨想像一下琴酒馬丁尼裝在大啤酒杯裡端上來，或電視影集《慾望城市》被改編成華格納式的歌劇。兩者可能各有它們的……醉人魅力，但都不算搭配得完美無瑕。馬丁尼若用大啤酒杯裝，會在你還來不及舉杯享用前就變溫了。馬丁尼酒杯也是馬丁尼本身的基本要件之一。假若凱莉‧布雷蕭（Carrie Bradshaw）[1] 和「大人物」（Mr. Big）[2] 一起喝下愛情魔藥，並來一段長達四小時的苦戀之歌二重唱，這個角色就不

[1] 譯註：凱莉‧布雷蕭，《慾望城市》劇中女主角之名。

[2] 譯註：「大人物」，《慾望城市》中的角色，與主角凱莉有段分分合合的戀情。

太可能這麼引人入勝了。三十分鐘的電視版才是表現她的妙語和戀情的理想方式。

所以，這個道理也可運用在你和你的衣櫥上。對齊克果來說，「典型」的結果是形式與內容結合並達到絕對的和諧。對我們的議題而言，衣服底下的人是內容，衣服本身則是形式。某些形式和內容的結合產生相當顯著的效果。一般人能立刻聯想到的例子是話題女王芭莉絲·希爾頓（Paris Hilton）與海勒芮（Heatherette）服飾系列，或奧黛麗·赫本與法國時裝名牌紀梵希（Givenchy）。這四個名字放在一起相提並論的情形很少見——若曾發生過的話。然而重點是，形式將內容——即帕麗絲和奧黛麗——特殊的魅力展現出來了。

試圖將某個可憐的內容硬塞進不適合它的固定形式內，是行不通的。假使一個人很幸運地擁有莫妮卡·貝露琪（Monica Bellucci）[*1] 那種凹凸有致的身材，卻想塞進海帝·希爾曼（Hedi Slimane）[*2] 設計的迪奧（Dior）西裝，恐怕很難。不過若能借用雌雄同體的元素，同時顧及本身的身材曲線，就會很別緻。最常見的例子，莫過於一位每天穿著黑色寬筒長褲和淑女鞋上班、但內心其實偏愛芭蕾舞衣形式的財務顧問。她不妨將黑色寬筒長褲換成稍蓬且質料較輕軟的短裙，搭配貼身的黑色高領衫，腰間再繫一條皮帶，凸顯腰身，如此不僅能將她內心偏愛的一部份形式加入平日造型中，同時又不需犧牲個人對內容的堅持。

「沒錯，沒錯，」你表示，「形式和內容我都瞭解了。不過現在還放在衣櫥外面那堆使我內心悸動的衣物，該怎麼辦呢？」好問題！它們正是你接下來七天的服裝。每一天，你都必須選穿一件讓內心悸動的衣服。

[*1] 譯註：莫妮卡·貝露琪，義大利演員，演出作品包括《真愛伴我行》、《駭客任務》等。

[*2] 譯註：海帝·希爾曼，曾任迪奧男裝設計總監，其作品以纖長、超窄身的線條著稱。

不妨將它視為增強衣著搭配能力的訓練。我們太常將自己喜歡的衣服「留到」特殊場合才穿；結果我們的最愛反而最少穿。也許這件細肩帶絲質洋裝搭配黑絲襪、低跟鞋和喀什米爾開襟羊毛衫，就能當成上班服穿；而那件樣式活潑的開襟羊毛衫拿來搭配無袖上衣和牛仔褲也很合適。所有衣物只需相互輪流混搭即可。你由此獲得的自信，就是之前所有辛勞的回報。

盲點：　　　如果把衣物清理掉是一件易事，世上就不會有塞爆的衣櫥了。在將使你內心悸動的衣物集合起來後，不妨再審視一遍。

是否每一件都值得歸到此類？不要手下留情。如果想到要把某件五年前覺得很有意思的衣物扔掉會令你難過，當然可以傷心一下，然後——還是把它清理掉吧。

第四章

時尚導師：除了奧黛麗赫本之外

* * * * * * * * * * *

The Fashion Mentor:
Beyond Audrey

| 課題： | 跟我們同時代的時尚偶像似乎付之闕如。我們總會對雜誌年復一年重提同一批人而感到訝異：有錢的嬉皮？找塔麗莎·蓋提（Talitha Getty）*就對了！地中海性感美女？蘇菲亞·羅蘭（Sophia Loren）四十年前的照片來了！美國名門仕女？當然非賈桂琳·甘迺迪·歐納西斯莫屬！時裝編輯常會列出一份「供你模仿」的範本名單。說真的，還有什麼比這樣做更不切實際的？那些女子幾乎完全是她們所處年代與地位的產物，而「模仿」她們的造型其實跟穿上古裝沒兩樣。 |

然而，塔麗莎、蘇菲亞和賈姬值得研究嗎？值得。但是，即使她們很美，但比起要你盯著同一批女子的同一批照片更有幫助的，是提出一些全新的靈感來源！這並不表示你不該也不能學習他人的穿衣風格；問題在於那些老是被挑出來做範本的女子們已經……嗯，有點疲乏了。

我們希望經由提供一份新名單──有些人你知道，有些人你也許不清楚──為你找到一個真正有助於你塑造個人外型的時尚導師。

---

*譯註：塔麗莎·蓋提，六〇年代億萬富翁保羅·蓋提（Paul Getty）的妻子，被譽為嬉皮裝扮風格的代表。

「何不做自己？

這是成功塑造外型的唯一秘訣。

若你是靈緹（greyhound）[1]，

為何要設法讓自己看起來像北京狗？」

── 伊狄絲‧席威爾（Edith Sitwell）[2] ──

---

[1] 譯註：靈緹，又譯灰獵犬。

[2] 譯註：伊狄絲‧席威爾，1887-1964，英國女詩人暨文評家。

偶像和導師之間的差異

一個人若想成為時尚偶像，必須讓大家看到他。夠簡單吧？不過身為偶像的人大都是因為他們所從事的職業或締結的婚姻，而經常成為鏡頭捕捉的焦點。既然具有特定性格的人較易受到照片會登上《Us》週刊或《時尚》雜誌的那類職業所吸引，要將他們星光大道式的裝扮轉化成現實生活的日常造型，恐怕不容易。而在我們所處的這個時代，造型師已取代神仙教母，成為幫小演員變身為大明星的裝扮設定代理人。然而既然你並非對裝扮毫無概念，也不想照福斯頻道綜藝秀裡的明星造型依樣畫葫蘆，不妨就跟我們一起來看看幾位有風格和個性的女性是如何裝扮的。請記住「個性」這兩個字。

那些可資追隨的女性雖然不是像賈姬或奧黛麗之類的偶像，不過她們絕對有資格擔任時尚導師。

利用風格導師最好的方法，是讓她們啟發你去探查和實驗。之所以列這個名單，並非要你照單全收，而是從中擇其一，做為設定個人裝扮風格時的靈感來源即可。它也不是一種重現歷史的練習或人類學研究的初步涉獵。你工作的地方或許不適合穿著摩洛哥式長袍，但並不表示你不能為自己的辦公室小隔間帶入少許坦吉爾（Tangiers）*1 風情。或者，若你的生活方式比較傾向有如摩洛哥長袍般的簡單質樸，但你在裝扮上卻偏好蒂達·布萊爾（Deeda Blair）*2 式雍容華貴的華盛頓特區名流造型，那麼你大可保留那種高雅風味 —— 和漂亮的髮型 —— 而毋需跟著買高檔時裝。

---

*1 譯註：坦吉爾，摩洛哥北部濱海城市。

*2 譯註：蒂達·布萊爾，美國國立衛生研究院基金會以及拉斯克基金會（Lasker Foundation）董事，以衣著華美著稱。

在你每星期跟美髮沙龍預約兩次做頭髮的時間前，記得一件事：在美國文化裡，只有賞心悅目者才能贏得讚賞。贏得讚賞雖然可讓生活在許多方面輕鬆不少，但對於風格的營造卻是壞事。一個人的風格需要其周遭的觀者採取「喜歡它、要不就忍受它」的態度，所謂的觀者包括丈夫、妻子、女朋友、男朋友、母親、小孩、同事、同學，以及跟你擦身而過的路人；因為你的存在並不是為了贏得他們的讚賞。但這是否就代表我們認同你穿小禮服搭配鞍形鞋（saddle shoes）去上班，只因為那是你喜愛的穿法？嗯，且援引「布萊克斯頓（William Blackstone）* 比率」原則：「寧可讓十個罪犯逃脫，也不冤枉一個無辜者。」換句話說，如果調整和找出你個人風格的成果中，也包括少數幾套好笑的裝扮，不

---

* 譯註：布萊克斯頓，1723-1780，英國法學家。

妳就接受這個事實。重點是，應讓一個人擁有接納她真實自我的空間，就算鞍形鞋——雖然寫下這點令我們很痛苦——也是其中一部份。

導師

我們在集結這份名單時，發現這些女性都有一個明顯的共同點：其裝扮總是跟她們的本色相符。最令人讚嘆的是，她們對潮流的侵襲和媒體強大的宣傳花招完全不為所動。雖然我們將每位導師歸在各個特定類型內，不過其中也有不少可橫跨其他類型。

法國女人

凱琳・羅菲（Carine Roitfeld）——**夏綠蒂・甘斯堡**（Charlotte Gainsbourg）——**凱薩琳・丹妮芙**（Catherine Deneuve）

法國人是「喜歡它、要不就忍受它」的徹底實踐者。他們不像美國人只一味追求悅目誘人，因此有風格的法國女人經常具備美國人所缺乏的獨特之處。這並非因為她們穿了某些特定服飾，而是跟她們裝扮和搭配的方式有關。以《時尚》雜誌法國版主編凱琳・羅菲為例，這位前名模和

造型師總是以黑色的眼線、醒目的眉形和簡單自然的及肩長髮現身。當你看著她的照片時，絕不會忽略一個事實，即無論她身上穿的是毛皮外套還是襯衫，皆能散發出獨樹一幟的俐落酷勁和性魅力 —— 即使她已年過五十。她跟許多同時期的時尚界人物不同的是，她從不會像要赴晚宴般一身盛裝華服，甚至手上可能還拿著乾吐司點心和一小杯Evian礦泉水。羅菲小姐看起來總像是準備抽根煙、喝杯伏特加和上床做愛。棒極了！

夏綠蒂‧甘斯堡是已過世的法國樂壇才子塞吉‧甘斯堡（Serge Gainsbourg）以及英國演員暨歌手珍‧柏金（Jane Birkin）的女兒。愛馬仕（Hermès）的柏金包（Birkin Bag）當年便是為珍‧柏金設計的，用來攜帶夏綠蒂的尿布。在如此環境下成長，她怎會沒有風格？如今三十出頭的夏綠蒂，以與眾不同的方式呈現法式髮型的風味。法式髮型，基於某種原因，看起來最好是有點髒且未做任何造型整理。她靠著如此髮型，以及鋒芒畢露的聰慧和整個衣櫥的經典款式 —— 風衣、黑色洋裝、仿男裝樣式的服裝 —— 成功營造出許多人無法達到的風格：不刻意的有型。就某一方面來說，她是連結凱琳‧羅菲以及接下來提到的凱薩琳‧丹妮芙之間差距的橋樑。

啊，巴黎的橋！凱薩琳‧丹妮芙就是純粹的雍容高雅。但對我們來說，重點在於她如何營造自己的風格 —— 正是典雅、典雅、典雅。你可以說她像是直接從低調富豪與上層階級聚居的巴黎第七區走出來的人物；她的衣著一直以來都襯托出她的美麗，而非與其爭豔。不妨回想她在電影《青樓怨婦》（Belle du Jour）中飾演的角色瑟芙琳（Sèverine）；你先看到的會是丹妮芙小姐，接著才是她身上雅致的聖羅蘭（Yves

Saint Laurent）時裝。她的衣著簡單俐落，絕不會像個叫囂哭鬧的小孩般拼命想引人注意。丹妮芙小姐可以表現外放的性感，同時又總是保持絕對的高貴。她像個雪后，但絕不會傷到你。

這類裝扮，就像許多其他造型一般，其實是一種心態。它是全然的精確——服裝美麗且完美合身——又不會競相爭豔。對於那些若沒打扮得很誇張、就會覺得自己的造型不夠好的女人來說，可能會對此感到困惑。換句話說，與其在晚上出門赴約前把誇張的服飾往身上堆，你還有更多吸引他人目光的辦法。法國女人是為了傳達她們想要傳達的訊息而裝扮。所以，不妨暫且兩三天別整理頭髮，套上黑色及膝裙和風衣，頸上噴點淡香精，在午餐時喝杯紅酒。該死，何不讓小女孩們也嚐一點？否則她們怎麼培養品味？

妖媚美女

安潔莉娜‧裘莉（Angelina Jolie）—— **奈潔拉‧勞森**（Nigella Lawson）—— **茱莉‧克里絲蒂**（Julie Christie）

這類女性會讓你想把自己身邊的男人關起來。她們的確性感，但她們還

具備了其他特點，使其達到魅力無法擋的層次。對了，若你還沒讀過荷馬的《奧德塞》（ *The Odyssey* ），不妨考慮下次去海邊度假時帶上這本書。主角經歷了多驚人的冒險！除了怪物、求婚者、牧羊人，還有最重要的 —— 女妖。她們是半人半鳥的海妖，用迷人的歌聲誘惑路過的航海者，導致可憐的水手船毀人亡。雖然造成船難可能過份了點，但誰會不想擁有致命的吸引力？有人或許認為妖媚美女是天生，而非後天塑造出來的，但要成為這類女子其實是可以培養的。妖媚美女大部分是「肉感」再混合了其他特質所形成。

以安潔莉娜・裘莉為例，她的身材的確惹火，但將她提升至妖媚美女地位的是她那股女強人的氣質。她能戴著卡地亞（Cartier）坦克款手錶，展現高雅風韻，也能不讓鬚眉地獨自駕駛飛機，可說無人出其右。她極少偏離自己俐落典雅、仿男裝樣式的裝扮方式。就這方面來說，安潔莉娜・裘莉的衣著讓她有資格榮登法國女人之列 —— 極精美的長褲、簡單的黑色T恤和毛線衫，就算在無意間被狗仔隊拍到，也總是魅力四射。她是個性成熟的女子，而非陰柔少年。但也許你對陰柔少年氣質、不穿皮褲也沒有刺青的主意頗感興趣，若是如此，我們提供另一選擇：奈潔拉・勞森[*]。

奈潔拉・勞森是英國的電視大廚。她除了擁有豐滿的身材、低沈的嗓音和漂亮的臉蛋，她的文筆和烹飪手藝也都聰慧而富有巧思，因此她得以榮登妖媚美女之列，不過她在做菜時展露的迷人笑靨和愉悅的呻吟並不會害人送命。所有妖媚美女的共通特質是她們都能從周遭事物中吸納感官的歡愉，這也是妖媚美女們為何特別偏愛喀什米爾毛料、皮製及絲質服裝的原因。但這並不表示她們會整天穿著半透明的絲質晨袍；勞森小

[*] 譯註：Discovery旅遊生活頻道「奈潔拉的宴客菜」主持人。

姐的選擇是簡單合身的上衣和深色的裙裝或褲裝。她的毛線衫的確很貼身，但由於她聰明地運用基本款服飾，而使一切顯得服貼平順，毫無礙眼之處。

接下來我們要談的另一位妖媚美女是演員茱莉・克里絲蒂。你當然看過電影《齊瓦哥醫生》（Doctor Zhivago），若沒有，請務必找來看——即使根據備受尊崇的文化評論家薩依德（Edward Said）的回憶錄，學生時代的奧瑪・雪瑞夫（Omar Sharif）* 不算是個好學生。但就我們的目的而言，此片的重點在於由克里絲蒂小姐飾演、光采耀眼的拉娜（Lara）一角身上。這是一位端莊自持、又戴著漂亮毛皮帽的妖媚美女；任何追求風格的人都應該認得她，以及克里絲蒂小姐在六〇和七〇年代演出的電影。其中，《春花秋月未了情》（Darling）一片不只充滿了美妙的六〇年代造型，對於任何想追逐名利的人，無論男女，此片的情節也提供了寶貴的警惕。

裝扮特點

一切都在雙眸中。妖媚美女的電眼常帶有一種神情，彷彿透露出她們正對某樣事物著迷。很少有什麼比全然投入的熱情更吸引人了；無論是對美食還是兵臨城下的激進份子，妖媚美女總是心有所繫——某些比她身上穿了什麼還重要的事物。在喚醒內在的妖媚美女的同時，你必須培養一種隨心所欲、毫無顧忌的氣質。不妨嘗試能凸顯身材曲線的圍裹式洋裝，不過最好多投資點錢在支撐型胸罩和塑身絲襪上。關鍵在於明瞭你是自己身體的主人，而且完全由你決定要露多少。

* 譯註：奧瑪・雪瑞夫，知名老牌影星，《齊瓦哥醫生》男主角。

中性女子

凱薩琳‧赫本（Katharine Hepburn）── **可可‧香奈兒**（Coco Chanel）

這類女性會令你想把身邊的男人和女人全關起來。這種造型的性別界線模糊；除了仿男裝的打扮外，屬於此類型的人也可能會直接穿男裝。如此裝扮的目的，並非只是要讓自己看起來像男人；恰好相反。此類型玩弄的，是在於男裝傳達的訊息以及著男裝的女體之間所形成的聳動對比。再者，這種裝扮讓強悍、自信的女人擺脫束縛。而我們都知道，自

信與力量會產生一種特別強烈的性吸引力。當前的美國文化對於女性特質的概念和定義相當狹窄，因而使得這種裝扮更顯離經叛道。事實上，它離經叛道到迫使我們只得從過往年代搜尋最著名的範例。

穿著平底便鞋和雙色尖頭鞋（wingtips）傲視群雌的，正是凱薩琳．赫本。她的長褲裝扮震驚了好萊塢，但也讓她永遠列名時尚殿堂。無論是身穿高爾夫球衣或晚宴服，她鮮活的美式魅力都一望即知。說到自成一格，還有誰能讓上身的衣著──高領衫──具有如此突出清晰的風格？

許多我們今日認為很中性化的服裝，其實當年都屬男裝之列。我們或許該感謝可可．香奈兒扭轉了情勢。她那種中性化的神秘魅力，部分是源於非傳統質料的運用──即原本為裁製男裝專用的質料，例如毛織法蘭絨和平織布（後者在過去通常用來製作男性內衣）。她也是一位不同凡響的造型家：她會到自己情人的衣櫥挖寶，把他們的外套和襯衫重新修改成適合她穿的尺寸。她也以剪短的別緻髮型和日曬膚色，讓自己的外表顯得與眾不同──當時的上層階級人士絕不會讓自己曬黑。但香奈兒在中性化裝扮上的另一大步（而且是唯一特別凸顯她中性化裝扮的衣著），是穿長褲──又一項大逆不道的行為！當時的一般大眾對女性穿長褲究竟有多驚駭？這又是另一段故事了，但重要的是，這種裝扮至今依然鮮明有力。

裝扮特點

這是較簡單的一種。首先，找一件稍挺的牛津布（oxford cloth）* 襯衫。它能搭配任何服裝，而且搭配某些太女性化的衣物，例如有蓬度的裙子，也有絕佳效果。其次，去男用香水專櫃。香水分成男用和女用，只不過是一種行銷上的區隔。擦一點點；你會喜歡的。

小女生

蘇菲亞・柯波拉（Sofia Coppola）── **娜塔莉・波曼**（Natalie Portman）

典雅、細膩、年輕。聽起來有點像在形容一家律師事務所，是嗎？不過此處指的是蘇菲亞・柯波拉。柯波拉小姐擁有嬌小的身材和令人印象深刻的容貌，而獲得奧斯卡獎也使她顯得很酷。或許基於某些因素──例如她赫赫有名的家族，以及跟時裝設計師馬克・傑可柏斯（Marc Jacobs）親近的關係──的確會令人忍不住想把她從名單上剔除，但公平點說，難道她就不能展露一點點泰然自若的裝扮天份？在《紐約時報雜誌》（*New York Times Magazine*）最近的一篇文章中，她身穿簡單的黑色芭蕾舞式平底鞋、黑色褶裙，以及深藍色套頭衫，漫步導覽巴黎。在另一張照片裡，她則身穿牛仔褲和黑色水手領毛衣。你絕不會認為她在拍照當天早晨曾大費周章打扮，但這並不是說她看起來很邋遢

* 譯註：牛津布，一種雙經雙緯平紋織襯衫料。

或造型做得不夠完整；她看起來不僅漂亮，對於自己以及身上的衣著，也顯露出從容大方的神態。她正是一個當代小女生形象的絕佳範本。

另一個當代小女生的範本，絕對是可愛的娜塔莉‧波曼。波曼小姐也相當嬌小；這點讓人不禁開始爭論，嬌小是否為形塑小女生造型的先決條件。嗯，就嚴格的語源學觀點來說，答案是肯定的，因為小女生（gamine）這個法文陰性名詞，原指孩童或少年，不過它也有「淘氣」或「頑皮」之意。而我們相信，無論你的身材如何，都能淘氣頑皮。波曼小姐雖然身材嬌小，但她的裝扮不僅不落俗套，也符合其年齡。她偏愛顏色素雅的簡單款式，而且所選擇的裝扮造型總不出典雅的範圍，但絕不老氣。

裝扮特點

啊，法式風格又出現了。這類裝扮的關鍵在於簡單。氣候溫暖時的衣著：基本款的直筒洋裝搭配芭蕾舞式平底鞋或皮製涼鞋。冬季的衣著：幾乎相同，但改為合於季節的保暖質料，搭配毛襪、平底靴或芭蕾式樣平底鞋。小女生式的裝扮極少搭配高跟或有跟的鞋子。

冒險者

凱特・摩絲（Kate Moss）── 莎拉・潔西卡・派克（Sarah Jessica Parker）── 克蘿依・塞維妮（Chloe Sevigny）

此類型有個副標：「你現在儘管笑吧，但過沒多久你就會跑去買了。」這類女子住在時尚世界裡不勝寒的高處，上頭的空氣的確比較清新，但留在平地的普通人有時就是沒辦法看得那麼遠。不過等個一年左右吧，留在平地的所有人便會爭相搶購緊身內搭褲了。有時這類女子所設定的裝扮標準，嗯，或許可以說太曲高和寡了，使得還沒達到那個高度的一般人忍不住在部落格裡對她們穿去參加盛會的衣著大加批評。這是當個冒險者得冒的風險。但此類型的女子深知，時間加上許多實例，還有巴尼（Barneys）百貨公司的採購人員們，將會證明她們的先見之明是正確的。

你已看過凱特・摩絲身穿合身的仿男士西服背心、灰色窄版牛仔褲，褲管則塞進懶人靴（slouchy boots）；莎拉・潔西卡・派克身穿剪裁簡單、質料華麗的短褲搭配尖頭高跟鞋；克蘿依・塞維妮身穿典雅的二手緞面襯衫和高腰長褲。還需要我們舉更多例子嗎？

裝扮特點

我們可以讚賞，但我們不能背書。冒險者的裝扮方式對一般人而言就是過於冒險。也就是說，某件特別顯眼的時尚單品，如果只有你一個

人穿，便符合冒險者的做法。例如凱特・摩絲曾穿著白色毛絨靴走在第五大道上……九年前，你只會在冰島首都雷克雅未克看到有人穿這種靴子。所以，若你下次去冰島旅行時，瘋狂愛上一頂有鹿角裝飾的帽子，就把它買回家吧。不過若想嘗試當個冒險者，必須一步一步慢慢來。換句話說，若你頭上正戴著那頂鹿角帽，身上最好別穿駕雪車用的背心。

搖滾明星

派蒂・史密斯（Patti Smith）── 凱特・包爾（Cat Power）

樸素而熱情奔放的派蒂・史密斯，從一九七三年就未曾改變過她的裝扮。衣服本身當然更換過，但她的造型始終如一。如果搖滾是 ── 或曾是 ── 突破藩籬，史密斯小姐可以說在還沒把藩籬碎片踢到前三排觀眾身上前，就把它踩成粉了。雖然她的寬鬆牛仔褲、T恤或襯衫（底下沒穿胸罩）以及男士西裝外套，並不見得適合每個人 ── 或任何人；真的，別盲從 ── 但她的確是絕佳的裝扮靈感來源。三十年前，史密斯小姐發現一個完全適合她的造型，便自此堅守不渝。我們都應該像她這麼明智。史密斯小姐萬歲！

現在再來看一位三十年前出生的搖滾明星：歌手兼作曲者祥恩・馬歇爾（Chan Marshall），藝名為凱特・包爾。延續搖滾歌手熱愛牛仔褲之

傳統的馬歇爾小姐，最常穿著牛仔褲搭配無袖上衣或素色T恤。「沒什麼特別的，」你或許會如此小聲抱怨。但再仔細看一次：她選擇了能隱約顯露身材的服裝，並且運用厚瀏海和深濃眼線來彌補她以實用為主的衣著選擇。這使她整個人的感覺比較接近著名法國香頌歌手芳絲華·哈蒂（Françoise Hardy），而非農場女工。對於既沒有小男孩氣質、身材也不嬌小的女人該如何呈現出小男孩、甚至小女生的風格，馬歇爾小姐可說是一個絕佳範例。

此類女子身上的牛仔褲之所以性感，是因為它依然保留了些許往日藍領階級的風味。這表示你有一個大好機會可以慢慢適應粗布牛仔褲。此類裝扮也跟永不變心有關──你最喜愛的T恤，變成你唯一會穿的T恤。不妨選擇一種極簡單的衣服款式，讓它成為屬於你個人的裝扮，就像這類女子選擇了非傳統的造型後便堅守不渝，並讓它們成為一種藝術。

波希米亞人

碧翠絲‧伍德（Beatrice Wood）── **伊狄絲‧布維爾‧貝兒**（Edith Bouvier Beale）── **唐娜‧凱倫**（Donna Karan）

屬於此類型的女子偏愛層層疊疊的裝扮方式。無論是一條又一條的串珠、手腕上許多叮噹作響的手環，或是一件圖樣鮮活的套頭大披巾，對波希米亞人來說，多即是多。

以一百零五歲高齡於一九八八年過世的陶藝家碧翠絲‧伍德，住在南加州山區瀰漫橙花香與波希米亞風情的小城歐加（Ojai）。身為藝術家杜象（Marcel Duchamp）＊的門生與情人，伍德小姐不僅以其藝術創作著稱，她自由無羈的生活方式也很有名。就如她運用美麗的多層閃金釉妝點她的陶器作品般，伍德小姐的衣著也以多層次的亮彩布料為主，

＊譯註：杜象，1887-1968，達達主義代表人物之一，對二十世紀藝術具有極大影響。

而手指及手腕上的多件珠寶首飾和塗上鮮紅色唇膏的雙唇，更具畫龍點睛之效。她的藝術創作和生活理念融會東西方，其衣著也是如此。她的回憶錄《我令自己震驚》（*I Shock Myself*）非常值得一讀。

伊狄絲‧布維爾‧貝兒並沒有如碧翠絲‧伍德般的藝術成就和縱情無羈，但她可能更出名。若你還沒看過梅索兄弟的紀錄片《灰色花園》（Grey Gardens），絕對要租來看。如果你實在沒那麼多時間，《齊瓦哥醫生》可以留待以後再觀賞。《灰色花園》這部片不僅引人入勝，它也一季又一季地被當成時尚試金石。伊狄絲是賈姬‧甘迺迪的堂姊，跟母親住在紐約東漢普頓的一棟宅院裡。這兩個被貓和浣熊圍繞的女人，有一段長達五十年衝突糾葛的母女關係。在整段紀錄片當中，被稱為小伊狄（Little Edie）的她都裹在怪到不可思議的自創裝扮裡。她著名的「革命性造型」包括一件套在肉色長襪外的束腰短褲，外加一條用褐色布料圍裹而成的裙子——正如她好心的示範，那片布也可當披肩用。而且要把裙子變成披肩也很簡單，因為那條「裙子」是用安全別針別成的。她上身則穿了一件合身的高領衫，頭部用一件黑毛衣裹住，用別針固定在下巴處，只露出臉。這種裝扮當然很怪異，但許多設計師都曾經從貝兒小姐的裝扮中偷學幾招。這部片的情節對於那些認為搬家沒什麼害處的人來說，也是一個絕佳的警惕。從此片推出至今，轉眼已過了三十年，現在的你說不定也正學小伊狄在腳踝戴寵物項圈。

同樣住在東漢普頓、但身旁沒有浣熊圍繞的是另一位波希米亞人，大牌設計師唐娜‧凱倫。她的時裝設計曾為一整個世代時髦的職業婦女提供裝扮靈感，而如今，凱倫小姐則是那些優雅世故、較不那麼激進的波希米亞風愛好者的絕佳導師。她的衣著全帶有波希米亞風味——輕飄飄的

裙子、多串層疊的珠寶首飾——但表現方式相當節制，使她看起來彷彿剛從海灘漫步回來，而不是像一輛吉普賽篷車。

波希米亞人會從許多方面汲取裝扮靈感，通常包含異國元素。她們會盡量避免使用看起來有如鋼琴防塵布的流蘇絲質大披巾。異國風當道時，就該避免民俗味太重的服飾。要點是精挑細選後折衷調和，而非旅遊戰利品集錦。

這個世界很廣大，所以不妨稍微放膽嘗試，例如一隻手臂戴滿手環，或兩隻手臂都戴滿手環……再加上你的鹿角帽。

時尚元老

蒂達・布萊爾（Deeda Blair）—— **寶琳・德・羅斯柴爾德**（Pauline de Rothschild）—— **李・拉齊威爾**（Lee Radziwill）

時尚元老並非天生的，而是逐步登上質感、品味和風格的頂峰。她們高不可攀、生活富裕、人數逐漸遞減，而且屬於時尚世界的最高階級。在談到這類上層人物時，你必須探究她們除了服裝以外的其他背景，才能窺得全貌。

基於本書作者之一和華盛頓特區的淵源，我們就先來談談威廉‧麥柯麥克‧布萊爾二世（William McCormack Blair Jr.）夫人。雖然布萊爾夫人主持美國首都最重要的沙龍之一，是理所當然的社交領袖，但她也是拉斯克基金會的副主席，可不是一個只會應酬社交的女士。[*1]

布萊爾夫人特別吸引人的一點，曾是她的髮型。那是有史以來最引人注目的髮型，還加上酷伊拉（Cruella De Vil）[*2]式的挑染，但它非常好看，一點也不古怪。她在鼎盛時期可說是華盛頓特區首屈一指的成熟風華代表人物，即使在甘迺迪總統任內那段丰采絢麗的一千個日子裡，也不例外。很抱歉我們以上談到的全是布萊爾夫人的過往。我們知道她現在依然相當活躍，曝光率也不少；沒多久前，我們才看到一份報紙的社交版登出她由某位歐洲皇族陪同、抵達一場慈善募款會的新聞。在所附的照片中，布萊爾夫人看起來比她身旁的皇族男伴更具皇室威儀。這不僅是因為她身上精緻的服裝以及完美的化妝和髮型，還包括她的儀態。布萊爾夫人的儀態近似黛安娜‧弗里蘭（Diana Vreeland）[*3]——抬頭挺胸，身體保持筆直，但絕不僵硬。她總像雙腳裝了由迷你引擎驅動的小滑輪般，優雅地滑過大廳。

寶琳‧德‧羅斯柴爾德婚前的名字為寶琳‧波特（Pauline Potter）；她出身於時尚元老的孕育地巴爾的摩（Baltimore，同時也是溫莎公爵夫人以及柯法克斯與弗奧勒家居裝修設計公司〔Colefax and Fowler〕[*4]老闆南西‧蘭卡斯特〔Nancy Lancaster〕的出生地）。波特小姐後來北上到紐約，任職於美國時裝設計師海蒂‧卡內基（Hattie Carnegie）

[*1] 作者註：她位於喬治城的大宅裝潢充滿高雅氣息與品味：烏木屏風、漆成奶油色的牆面、沈重的鍍金大鏡子，以及米色麂皮軟墊；對童年時的我來說相當新奇。她的宅邸有如可可‧香奈兒在巴黎卡邦路（Rue Cambon）之寓所的華盛頓特區版。

[*2] 譯註：酷伊拉，《一〇一忠狗》一片中迷戀皮草服飾的壞女人。

[*3] 譯註：黛安娜‧弗里蘭，1903-1989，曾任《時尚》雜誌美國版總編輯，是二十世紀重要的時尚推手之一。

[*4] 譯註：柯法克斯與弗奧勒家居裝修設計公司，著名的英國家飾設計公司，其所設計的英式鄉村風格樣式對家居佈置影響深遠。

的服飾公司。她良好的家世背景以及完整的學校教育，使她擁有足夠的資格打入上流社交圈。

投入專職的設計工作後，波特小姐的衣著便以套裝為主：高腰及膝窄裙搭配短外套，好讓自己的身高（她總是在場女性當中最高的一位）、纖瘦的身材和貴族氣質不至於那麼醒目。成為羅斯柴爾德男爵夫人後，她的衣著反而變得華麗耀眼（她性格中狂烈的那部分都藏在端莊的套裝下）。而且她從不是時尚盲從者；換句話說，她完全依照自己的巧思穿著打扮，例如她會將迥然不同的印花圖案搭配在一起，套上貂毛鑲邊的風衣（首開先河的穿法）和一雙芭蕾舞式平底鞋去歌劇院。

離婚前曾是波蘭王妃的李・拉齊威爾，衣著風格又比她的姊姊賈姬・甘迺迪更為精簡。她是我們提到的時尚元老當中，唯一讓我們懷疑她身上線條嚴謹明確的外套或洋裝，是否會隨她的每個動作嘎吱作響。若我們將寶琳・德羅斯柴爾德歸到「少女風味」，那麼李・拉齊威爾便適合用「精工裁製」來形容。除了蕾絲面紗，她所選擇的服裝幾乎不出套裝、合身A字連衣裙和卡布里褲，極少以除此之外的其他裝扮露面。她的髮型、妝容、衣著，無不完美。雖然如此特點可能不免令人感到畏懼，但也使她散發出卓然尊貴的氣質。她身上具有一股超脫其家世和名氣的獨特氛圍，以及自然流露的高貴與強烈的自信。

裝扮特點

老實說，這個類型關呼權力與氣勢。此類裝扮不僅強調出時尚元老在這

個世上的地位，而且理所當然地會因此令他人坐立不安和敬畏。套裝非常適合時尚元老，但可不是指任何套裝；聖羅蘭七〇年代推出的女強人式套裝（power suit），即是時尚元老衣櫥裡的典型要件。

若你對此類裝扮有興趣，最好跟你的朋友保持親近，而且要跟你的敵人更親近！這種絕對高雅、極度精確、精心打扮的造型，必須從天亮起床維持到夜晚就寢。它要求超凡的決心──可不是心血來潮的一時熱度──否則你很可能會被他人誤認為變裝皇后。

義式風情與難以捉摸的女子

安東尼奧尼（Antonioni）和費里尼（Fellini）電影中的女性角色

你喜愛的蘇菲亞‧羅蘭便可歸在此類，再加上義大利名導安東尼奧尼和費里尼電影中的女星克勞蒂亞‧卡汀娜（Claudia Cardinale）以及莫妮卡‧維提（Monica Vitti）。安東尼奧尼與費里尼電影中的女人通常居於主導地位，而且深具風格和性吸引力，還有蓬鬆豐盈的秀髮。即使在安東尼奧尼的電影《吶喊》（Il Grido）晦暗的場景裡，他鏡頭下的女人依然暗藏熱力，而其中一位所居住的還只是簡陋的小屋；這的確透露了某種訊息。不妨回想電影裡的她們沈重地走過波河河谷（Po River Valley）的潮濕低地、盯著里米尼（Rimini）* 的空寂海灘、或沈默地坐船行過西西里島冰冷的海域。你也可以營造出她們那種絕望

＊譯註：里米尼，義大利中部濱海城市。

卻又性感的招牌魅力。就算你只能穿十四號的衣服，而且來自南美洲的蓋亞那，也不足以妨礙你做這種地中海式的裝扮。任何人都能夠穿顯露身體曲線的黑色裙子和腰部繫帶的羊毛衫。

裝扮特點

這類裝扮的要點全在髮型和睫毛，兩者都必須濃密醒目。最好擁有豐滿的胸部，但並非絕對必要。不妨身穿輕薄的小背心或連身襯裙，外面套一件合身的裙子或稍寬鬆的輕便洋裝。這個類型的女子所表現出來的是奮力掙脫束縛 —— 或她的村姑式薄棉上衣。

幕後的權力操縱者

瑪莎・史都華（Martha Stewart）—— **凡妮莎・蕾格烈芙**（Vanessa Redgrave）—— **歐普拉・溫弗瑞**（Oprah Winfrey）

若我們沒有討論到起碼一位權重位高、且足以跟瑪莎・史都華匹敵的風格執行者，那就太不盡責了。本書所要傳達的重要訊息之一，便是「擁有屬於你自己的造型」，而瑪莎・史都華的確做到了。她從一位前時裝模特兒，轉變成出色的風格大師。無論是在雞舍撿雞蛋、在園裡栽種香料草、還是烘烤舒芙蕾（souffle），她的裝扮都恰如其份又迷人。她

的衣服以棉質、格子呢和法蘭絨質料為主。除了出席須穿著正式服裝的慈善募款會（或法院審判）之外，她通常偏好襯衫搭配長褲。有些人會將瑪莎出色的自我造型，完全歸功於她過去的模特兒經歷，但我們認為質感、品味和風格的種種元素，不僅主導她的生活方式，也決定了她的裝扮。畢竟裝扮風格和生活方式是密不可分的。

凡妮莎・蕾格烈芙從演出安東尼奧尼的電影《春光乍洩》（Blow-Up）起，在展現性感女人的魅力之餘，同時也保有本身嚴謹自持的性格。在她高貴美麗的外貌和儀態以及顯而易見的性感之間，存在著一股張力，而她也一直巧妙維持著。她毫不避諱自己的年華老去，反而坦然接受，並作出與其年齡相符的裝扮。她的衣著精緻且線條明確 —— 它們不僅合乎她的年紀，又完全不會顯老。

誰總是看起來優雅出眾？最佳範例正是美國脫口秀主持人歐普拉。她的髮型、化妝和所有服裝，無不精緻 —— 她簡直散發出閃閃光芒！達到這種裝扮效果的方式，是選擇剪裁精巧、樣式美觀、質料絕佳的服裝。

裝扮特點

這類裝扮所強調的是質，而非量 —— 精準、合身的樣式與剪裁，以及你財力負擔得起的最上等質料。屬於此類型的是成熟世故的女人，而不是只知道把炫目行頭拼命往自己身上堆的女孩。

　　　　　　最好謹記，原封不動的拷貝跟參考是不同的。

我們鼓勵你從自己最欣賞的時尚導師們身上汲取靈感，但並不表示你應該穿得跟安潔莉娜‧裘莉或瑪莎‧史都華一模一樣。將可展現你個人特色的造型和其中一位時尚導師的裝扮風格融合，並強調出來，才算是真正的風格。

第五章

抬頭挺胸：從內而外的風格

✴✲✳✴✲✳✴✲✳✴✲✳✴

Shoulders Back:
Style from the Inside Out

課題：　　　　若一個人的姿勢歪斜、垂垮或駝背，就算衣服再漂亮也沒用。有太
多人——無論男女——渾然不知只要一點點簡單的姿勢調整，就能
讓他們看起來更有型，感覺也更好。

該是抬頭挺胸、端整儀容的時候了。

「只有膚淺的人才不以貌取人。

這世界真正的奧秘是在於看得見的事物，而非看不見的。」

── 奧斯卡・王爾德（Oscar Wilde）──

許許多多女人都抱怨，時裝似乎專門為纖瘦高挑、輪廓分明的十六歲少女所設計。這種說法當然過於以偏蓋全，但也凸顯出一個問題。人們總是不斷質疑，為何設計師不多為我們當中較矮、較胖或年紀較大的人設想？從提問者的語氣，通常可以想見她在流行服飾店尋尋覓覓的過程中遇到了阻礙，因為她穿得下的衣服有限。服飾業如此運作的理由多不勝數，要改變恐怕也不可能太快。所以不妨換個角度想：若一個人的身材與樣本尺碼 —— 即設計師做設計時所用的標準尺碼 —— 差距越大，面對當紅的流行服飾時，選擇也變得越少，但這並不見得是個可怕的損失，事實上，反而能促使我們放棄趕流行的衝動，轉而坦然接納屬於自己的個人風格。有點逆耳的忠告，是吧？雖然我們無法控制設計師、時尚雜誌編輯和廣告宣傳接下來要強加什麼在我們身上，但我們能夠控制呈現自己的方式。

在這一章，我們將討論如何讓所有裝扮造型中最重要的元素 —— 即一個人本身 —— 散發出時髦光采。

雙肩姿勢的錯誤觀念

每個人從小就被母親、老師或教官要求「抬頭挺胸、肩膀向後」。而我們怎麼做？我們把肩膀拼命往後，連肩胛都拱起來了。這種姿勢很適合遊行走過大官面前的場合，但等我們一下場，就會放鬆肩膀，回復到雙肩垂縮的習慣姿勢，悄悄溜走。太可悲了！沒人希望自己的姿勢不好看，但要維持那種「肩膀向後」的僵硬姿勢，實在難受又不切實際。對某些人來說，之所以總像做了壞事般低頭縮肩、彎腰駝背，其實是希望他人不會注意到自己身材的某些缺點，例如胸部太大或個子太高。或許你本身就很熟悉「長人駝背」的姿勢。問題是，低著頭又駝背的姿勢正暴露出內心的不自在和缺乏安全感，反而容易引起那些想利用這點佔便宜的人注意。若雙肩的姿勢正確，便等於告訴所有人，你是一個健全、有自信的個人，而不是一個愛現的小丑或過街老鼠。

雖然養成姿勢正確的習慣需要時間，但過程並不痛苦，而且能達到立即的正面效果。第一條絕對的鐵律或許乍看之下很奇怪，但它正是：別老惦記著要把肩膀向後。

真的把肩膀「向後」，並不能達到雙肩姿勢正確的目標。你反而應該這麼做：將雙肩往遠離耳朵的方向拉。不妨想像把雙肩朝後下方放，使兩塊鎖骨盡量開展，但胸部不要刻意向前挺出來，背部的兩塊肩胛肉也絕不可拱起。如此姿勢不僅能讓你的頭部到頸部更容易保持完美平衡的線條，而且從年輕一直到老都能維持柔軟的體態，絕不會出現所謂的富孀駝。何謂富孀駝？這個過時的舊日說法是指變彎的脊椎在兩塊肩胛中間形成一塊突起的肉團。脊椎變彎是骨質疏鬆症所導致，會使老年人看起來有如縮了水。沒人希望自己縮水，所以趕快調整肩膀的姿勢吧。

讓身體擁有直順線條

想像一下某個模特兒的骨架子掛在一間非常潔亮的實驗室裡。整個骨架已經用線以及一根從底座往上穿過骨盆、沿著脊椎直到頭顱的桿子固定。你不妨也站在鏡子前，想像自己被人用隱形的線和桿子以同樣的方式掛著。沒錯，聽起來有點恐怖，不過卻是一個有用的練習。你的桿子是否直順地通到你的頭顱？或者因為你的頭習慣往前傾，所以它會從你的頸子穿出去？桿子是否抵到你的骨盆後部，因為你站立時總會挺著小腹？你是否習慣駝背，使得肋骨壓到橫隔膜，軀幹也因而變短，所以桿子就變太長？要確認你的骨架是否完全發揮作用，最好的辦法是記得關鍵在於線條；就和穿衣服的要點一樣。我們前面提到的模特兒骨架，絕無一處是卡在一起或從旁邊突出來；整個骨架看起來是放鬆的，隨時可以起身跳森巴或回擊網球。

身體構造的設計原理，是讓它儘可能以最有效率的方式運作。換句話說，若骨架有足夠的空間運作，就可以避免痠痛不適。這也表示，看起來年輕順眼的輪廓線條，其實跟年齡沒有太大關係。基於某種原因，美國女性習慣把肩膀往前縮、彎腰駝背、下腹突出，頭部則嚴重往前伸，以使自己看起來比較矮。在探討為何法國女人比較優雅的無數爭論當中，極少提到此一差別，但這點的確值得留意。法國人之所以讓人感覺有點高傲，部分是因為其挺直的身體線條所給予人們的印象。若一個人彎腰駝背又流口水，即使穿上一身迪奧的新裝也沒用。況且應該也沒有人看過鏡頭下的凱薩琳‧丹妮芙挺著小腹、駝背縮肩。所以，一個人該如何讓自己的身體擁有直順的線條？就從下腹部做起。

針對這點最有用的建議之一，是出自一本很棒的書《夫人，你的儀態》（*Your Carriage, Madam*），作者是珍娜‧蘭恩（Janet Lane）。雖然它早在一九三四年出版，但內容一點也不過時，或許是因為忍不住彎腰駝背的習慣並沒有時代之分。蘭恩小姐建議，一個人若想讓下腹部擁有平順的線條，不妨想像自己在一家滿座的餐館，試圖從兩張桌子中間穿過去。她會本能地把臀部往內縮、肚子吸進去；這正是下腹部的正確姿勢。法國小酒館的空間通常很侷促，而且每張桌子之間僅隔幾英吋，所以不妨把這個下腹部動作稱為「小酒館姿勢」。熟悉皮拉提斯（pilates）塑身法的人應該會立刻發現，它跟皮拉提斯的基本動作「把肚子挖進去」（scooped）很類似。下腹部姿勢經由如此的小小調整，即可避免臀部撅起，並使腹部平坦。這不僅能讓一個人顯得較苗條高挑，也能給予下半身適當的支撐力，並大大改善坐姿。下次你要入座時，不妨試著以小酒館姿勢滑進座位；它能讓脊椎自然而然地與椅子接觸，雙肩也更容易往下拉開。姿勢調整後，能讓你比較不易感到疲累，這也表示你能多出更多時間從事有創造力的工作，或者做事更有效率 —— 甚至可能得以早點下班！良好姿勢的益處是多方面的！

出去走走

住在紐約的樂趣之一 —— 正如本書的兩位作者常做的 —— 便是可以隨處漫步。人行道上總是摩肩擦踵、熙來攘往，無論是富有或貧窮的、時髦或土氣的，每個人都在同一條人行道的方寸之地爭取空間。在觀察這個

人類大觀時，可清楚發現，除了各自外貌的相異外，多數群眾都有一個
共同點：走路姿勢很難看。步伐笨重的、拖著腳走的、晃來晃去的、大
搖大擺的，全都看得到。而這不僅限於都市的人行道上。我們今夏曾在
某個美麗的海灘度過一整天，成群身穿泳裝的人漫步走過的情景實在令
我們難忘。問題不在於比基尼和泳褲下的身材，而是它們的擁有者根本
是拖著身體上下海灘。你會猜想他們要去上絞刑架，而不是去午餐、飲
一杯玫瑰紅酒。從外表看來，這些人顯然投資了不少時間和金錢在健身
房和名牌泳裝上，但他們希望透過這些努力達成的一切，卻僅僅因為走
路的姿勢而破功。就算膚色沒曬得那麼漂亮，但走路時抬頭挺胸，也遠
比擁有明顯的腹肌卻彎腰駝背要好得多。

從我們見到一個人開始，便已不知不覺地接收到對方傳達出來的相關訊
息；而一個人的舉止，比言語所能傳遞的訊息更多。動作優雅的人，無
論身材如何，都更容易吸引他人的目光。優雅的動作，以及養成它的概
念，乍看或許會讓人覺得有點守舊、囉唆。這離事實可遠了。優雅是身
體行動流暢無礙的成果，而且每個人都做得到；這跟參加初入社交界的
舞會和瓷畫課沒什麼關連。優雅的養成只不過是跟一個人開始意識到自
己移動的方式、並矯正所有怪動作有關。

身體就像一個生態系——若膝蓋的動作稍有不對，便表示股骨的使用位
置有誤，也就是說臀腿部位的運作方式有問題。這樣說，相信你就有點
概念了。有太多人忽視走路優雅的重要性；而達成此一目標的關鍵，其
實簡單得令人慚愧。準備好了嗎？要點即是：讓你的雙腿去執行走路的
工作。在你厭煩地把書扔到一旁之前，先試試這個：站起來，然後抬起
你的腿——不是從下臀部，而是從大腿根處抬腿。接著檢視你現在的姿

勢。你的身體是否會跟著往前傾？接觸地面那條腿的臀部是否會稍微翹出來？特別留意把翹起的臀部和偏斜的肩膀收回來。在鏡子前練習時，你或許就會發現上半身並非如自己向來感覺的一般挺直。我們太習慣駝背了，所以也察覺不到其中差異！

現在，心裡一面默記著下腹部要保持小酒館姿勢，肩膀往下並放鬆，頭部保持端正，雙眼平視，身體也一面跟著做。一般人通常會有頭部往前伸的習慣，彷彿額頭想比身體其他部位先到達目的地。最好輕輕將過於急切的頭部拉回正確位置。

改善行走和站立的姿勢需要時間。提供一個有用的建議：每當你瞥見自己的模樣，就順便檢查姿勢，為你的身體做個舊習大掃除。肩膀放下了嗎？鎖骨拉開了嗎？小腹稍微吸進去了嗎？很快的，這些就會變成自然而然的本能反應。

既然我們大多數人都生活在需要鞋子和衣服的環境裡，因此便有必要檢視它們導致的姿勢問題。鞋子是最顯而易見的肇因，但它們並非唯一的禍首。現在就一起來看看三個應避免的錯誤：

一、穿平底涼鞋搖搖擺擺走路

每年夏天，所有人都會拋開沈重的冬季鞋子，換上平底涼鞋，以迎接炎熱高溫的來臨。雖然我們已討論過平底涼鞋適宜或不適宜在哪些場合穿，但尚未提到這類鞋子所導致的一個現實問題，即左搖右擺地走路。有些人走起路來的確比較容易左右搖擺，例如快要生產的孕婦。但我們相信，平底涼鞋輕鬆閒散的特色，對孕婦以外的其他人造成了一些完全不必要的狀況。發生過程如下：走起路來輕鬆無拘束的雙腳，慢慢往兩旁舒展，直到它們形成分得很開的大八字。這種走路方式不僅從前面看很醜陋，從後面看更是可怕。而雙腿則從股關節處開始朝外，臀部通常也會變得越來越寬扁。下次上街時，不妨留意一下雙腳的姿勢。一般人當中臀部最寬扁者，雙腳走起路來也較容易呈大八字。你或許會問，雙腳姿勢錯誤和扁臀，何為因、何為果？但這重要嗎？何不預先留意，在走路時讓雙腳保持平行的直線？

二、腳步沈重如大象

在琳瑯滿目的各類鞋款中，特高的高跟鞋絕對豔冠群芳。我們常將它與地位及性吸引力聯想在一起，而誰會不想偶爾擁有一點點這兩樣呢？問題是，若你走起路來像大象，就算穿上設計師名牌盧布坦（Christian Louboutin）* 的高跟鞋，對你也沒有多大作用。不妨於上班日找一天，在午餐時間的曼哈頓主要街道上待幾分鐘。你會看到許多女人穿著最細跟的高跟鞋，呼、呼、呼地走去買沙拉當午餐。坦白說，若你穿了高跟鞋，就須調整你的步伐。不幸的是，你穿運動鞋時那種輕巧自在的大步伐，絕不能用在穿高跟鞋上。注意，這無關於技巧。問題不在於可不可以這麼做；在觀察那些踏著沈重腳步去午餐的女人時，我們明瞭到，重點實在太簡單了，因為這麼走真的很難看。

想穿高跟鞋，就要遵守一定的規則。你想擁有緊實的小腿肌肉和形狀漂亮的臀部？那麼你就得將步伐放小。若你剛巧必須快步趕到某處，最好事先在提包內放雙芭蕾舞式平底鞋或薄帆布鞋。這樣可以省得你為飽受折磨的雙腳以及鞋跟心疼。抵達目的地時，不妨溜到一株大型盆景後頭喘口氣，再換上你的高跟鞋。等你從盆景後現身，便可穿著它以適當的步伐走路——小步走。

三、難看的拉扯

今早，你站在鏡子前端詳自己。每個部位看起來都很完美；你的動作很小，所以裙子沒有歪掉，上衣也是正的——直到你拿起皮包、彎身取物

---

* 譯註：盧布坦，著名的法國鞋類設計師，以極性感的高跟鞋設計聞名。

或舉起杯子啜口咖啡時，接下來便是一場讓衣服回復正確位置的拔河。最快破壞晚餐美好氣氛的，莫過於穿了比你的約會對象更需多加關注的衣服。你是否有太多次看到穿著窄裙路過的女人，她們身上那件後面有開叉、以方便走路的窄裙，掛在衣架上時非常平順端整，但此刻它的開叉卻歪到穿著者想像不到的位置？她們知道衣服有某個地方歪了，因此每走幾步就得停下來使勁拉幾下。需要經常扯動或拉正的衣服，要不是剪裁有問題，就是不合身，或兩者皆是。無論它們有多漂亮，都應該避免穿著，否則你將發現自己老是感覺不舒服，看起來也不對勁。沒有比上衣總像要滑掉般更快導致拱肩。這樣一點也不時髦優雅。

無負擔的行走

我們已提過幾個走路時的錯誤姿勢，現在再提供幾點建議，讓你下次準備邁步時默記在心。最簡單的重點之一，是隨時注意保持輕盈的步伐。在你邁出腳步前，不妨試著抬起一隻腳。你能否不把身體所有重量全移到另一條腿、因此往一側傾斜？若做不到，就先別忙著檢查自己是否做了小酒館姿勢，並再抬腳試一次。經過幾次練習，你應該就準備好邁步行走了。當你開始腳步輕盈地往前走時，上身須保持放鬆 —— 現在是你的雙腿在主導。你的步伐大小應視你所穿的鞋而定，就如上文討論過的。鞋跟越高，步伐也應隨之越小，但絕對不是小碎步。然而，無論你穿什麼鞋，步伐都不可以大到讓你每邁出一步，便得先將整個重心往前放，以「趕上」前腳。邁步時，髖骨應平平的朝前，若你的髖骨會凸

起，就表示你的步伐太大了。

我們都聽過一種說法：就算心情不好，也應保持微笑，因為微笑的每一個肌肉動作，即使不是自發的，也能轉換心情。你可運用相同的原理讓自己保持鎮定。下次走進某個令你緊張不安的場合時，不妨檢查自己的步伐。你是否拱著肩膀、而且腳步很重？這樣只會令你更緊繃。抬頭挺胸、腳步放輕盈，是幫助自己的最佳方式。如此不只能轉換情緒，若想溜走，腳步也快得多。

現在，且讓我們將焦點從內轉向外，討論人體最奇妙的器官：肌膚。

肌膚

你可能聽過有人提起某位很時髦的女子時，說對方「有型」。這句話的意思是指她對個人裝扮表現出理所當然的自信，不會畏畏縮縮或不好意思。但有多少人對自己的肌膚具備相同的自信？該是真正「擁有」一身美麗肌膚的時候了。且不管科學如何日新月異，它都是你所擁有獨一無二的東西。

是否滿意自己的肌膚，跟它是否細緻、平滑、沒有皺紋無關。在對這段話嗤之以鼻之前，不妨先回想一下當年你青春貌美的時期。現在二十四歲的人可能會想到十五歲、臀部還不大的時期。六十歲的人也許會愛憐

地想起自己四十歲時的模樣。但可以確定的是，無論腦海中浮現的是二十年前還是兩年前，當年的她們對自己仍有不滿意的地方。這實在很可悲。即使我們可能永遠也無法避免如此狀況，但還是可以改用不那麼嚴苛的眼光看待現在的自己。

「挑剔自己」的想法，是由各種不同文化因素共同形塑出來的，或許其中正包括了廣為人知、深深影響西方社會的清教徒工作倫理──倡導辛勤工作和不斷改善（或至少對自己沒有更盡力一直感到內疚）。我們告訴自己，除非我們減了肥、除掉膝蓋的疤痕、清理手臂的體毛、淡化臉上的雀斑、去動隆乳或縮胸手術、改變眼珠顏色或變成三項全能運動高手，否則就不值得疼惜。這難道不荒謬嗎？這並不是針對個人優缺點的理性評估，而是瘋狂。

一個人對自己總會有不滿意的地方，但好好照顧自己卻太常被挑剔自己所取代。當你的雙腿肌膚粗糙龜裂時，你卻只忙著為皮包的皮質磨損老化而煩心，實在荒謬至極。你必須停止挑剔及內疚，從好好洗個澡開始做起。不妨回想童年時悠閒愜意地洗澡的感覺。毋須大費周章用到溫熱的鵝卵石或其他水療按摩用品。

整個過程需要的是一塊你中意的高級香皂，以及可溫和去角質的沐浴巾，最好長得足以搓洗整個背部。若你心目中的高級香皂是象牙（Ivory）牌香皂，因為你喜歡它的味道，那也可以。先將沐浴巾打濕、用香皂搓出泡沫後，從你的腳趾開始洗。慢慢往上洗完身體前半部，然後繞到肩胛骨一帶。接著，再將沐浴巾用香皂搓出泡沫後，從腳跟、小腿肚，慢慢往上洗完身體後半部。

還記得四○和五○年代電影裡的明星所用的那種塑身振動帶嗎？它的理論是，你只要站在原地，皮帶的振動便能幫你強健肌肉。當你用沐浴巾搓洗大腿後部和臀部時，不妨記著這點。我們常會乾脆忽視自己不喜歡的身體部位，任它們的狀況繼續糟下去。好好搓洗這些長久被忽視的部位，接納並愛護它們！沖水後，拿條浴巾擦乾身體——最好是蓬鬆柔軟的質料。接著以和洗澡同樣的順序，從腳趾開始，擦上厚厚一層乳液或身體乳霜。選擇你中意的產品。無論你是在藥局還是尼曼馬克斯（Neiman Marcus）百貨公司選購，那些地方都有許多吸引人的身體滋潤產品供你嗅聞和試用。洗澡的整段過程並不是讓你用來擦仿曬品或做其他「療程」；只要放鬆就好。感覺很棒，不是嗎？

你的臉龐

你的臉龐跟身體其他部位——比如說手肘——不一樣的地方在於它經常受到注視。櫥窗玻璃、奶油刀和浴室鏡子都會幫助我們知道，當有人要親吻我們時，對方看到的會是什麼樣的臉。若照鏡子能幫你在開會前先發現並除掉附在牙齒的菜渣，這便是一件好事，但照鏡子也可能令你不快。

一開始，照鏡子可能只是單純的看一下，但接著往往會演變成仔細的檢查和搜索。青少年時期，我們專注的目光會搜尋快長出來的痘子，幾年過後，則是青春痘、小細紋和可疑的黑斑。臉部肌膚似乎不斷讓我們

產生新的憂慮。為了安撫它，我們只得為它獻上各種昂貴的乳霜、化妝水、去角質產品和面膜。我們的建議是——雖然乍看之下似乎很難做到——別把你的臉龐當成一個天威難測的肌膚之神，而只是把它當成——嗯，你的一部份。不妨一天一次練習在有放大效果的化妝鏡前，對鏡中的自己說，「嗨，美人」，你或許會希望在家裡偷偷練習，直到自己能坦然接受為止。

雖然每個女人的做法各有不同，但有幾個基本步驟是不可輕忽的。首先，每個人在早晚洗臉時，都需要能把頭髮往後固定的用品。倒不妨天馬行空、大膽一點，找市面上最華麗誇張的髮夾或髮帶。這是最適合配戴絲花或羽毛裝飾的少數場合之一；畢竟在你一生當中很少有機會能配戴誇張的大朵鮮橙菊花髮飾。洗臉時這麼做，不僅是迎接一天開始與結束的好方法，還能增添樂趣——即使浴室裝潢平凡至極，也能感受到一點熱帶歌舞女郎的風情。況且髮帶和髮夾也比罩在胸部上的椰子殼舒服多了！[*1]

當你做臉部清潔和去角質工作時，動作請務必輕柔。從諾克絲瑪洗面乳（Noxzema）[*2]首度上市以來，一般人常會以為，若不覺得痛，就表示沒有用。雖然每個人的膚質不同，但你會驚訝的發現，少點干擾，肌膚將出現多好的反應。每天夜晚上床時，你的感覺應該是潤澤舒暢的，而不是跟十五種不同乳液進行了數十分鐘的奮戰，把自己搞得筋疲力盡。

除非這十五種乳液用起來很舒服，而且對你的確有效。倒不妨試試下列程序：戴上華麗誇張的髮夾或髮帶；一邊哼著歌劇《卡門》（Carmen）裡的歌曲，一邊洗臉；用蓬鬆柔軟的毛巾擦乾臉並抹上滋潤產品；一邊

[*1] 作者註：這麼說並不代表我戴過那種椰子殼……
[*2] 譯註：諾克絲瑪洗面乳，一種專門針對油性和易長青春痘肌膚的洗面乳。

輕輕拍上眼霜，一邊跳有小幅踢腿動作的舞步，這對你的臀部也有好處。下腹部保持小酒館姿勢，彎腰觸碰腳趾，繃緊雙腿後部的肌肉，接著往後直直抬起一條腿。左右腿各抬五秒鐘。現在，為雙唇擦點護唇膏，若是睡前，最好不要擦太清涼的。然後刷牙，跳上床睡覺。

早上出門前，別忘了擦防曬乳液。現在市面上有很多產品可供選擇，也有各種成分組合，所以你可沒藉口跳過這個步驟。即使你擁有膚色最深的肌膚，而且看起來比實際年齡年輕一半，你依然沒有藉口。就算你不會長皺紋，但仍避免不了日曬過度導致的斑點。千萬記得用防曬乳液！

榮耀的冠冕

請讀讀下列的三句話：

長髮很美。
我有一頭長髮。
所以，我的頭髮很美。

這段話是否引起你的共鳴？然而，除非你能毫無愧色地說，你的長髮髮質真的很好，沒有一點乾枯毛燥、糾結，或從去年夏天留到現在、已經長到耳際的挑染，否則你就必須重新做誠實的評估。我們也瞭解這並不容易，尤其是現在。在美國，直髮造型陶瓷熱板似乎正當紅，而每過幾季，魔鬼黏髮捲也會再度流行；這種趨勢不算新鮮。只要大略查一下便可知道，頭頂「榮耀的冠冕」（crowning glory）這種說法原本出自聖經舊約。在早期的用法中，它與上帝有關，而非潔西卡‧辛普森（Jessica Simpson）* 的秀髮。並且就原意而言，它指的至少是真正的冠冕，可不是指祂頂了一頭蓬鬆的大波浪髮型。不過這已是沿用已久的說法，而現在正是提出質疑的時候 —— 不是自問能為頭髮做什麼，而是頭髮能為你做什麼。

有什麼比新髮型更能大大改變你的外貌？那些偷偷去做整容手術的人，總是嘲笑別人最常問她們的問題之一就是「你換髮型了嗎？」。能幫你在追求風格的過程中更往前邁進一大步的，莫過於適合自己的別緻髮型。但我們都知道，頭髮並不保證絕對能增添你的魅力，況且，許多人光想到要把頭髮剪掉一英吋，或是換掉從一九九二年到現在都沒變過的長馬尾造型，都會覺得心疼。

---

* 譯註：潔西卡‧辛普森，美國偶像歌手暨演員。

10550

台北市南京東路四段25號11樓

大塊文化出版股份有限公司　收

地址：

縣　　市

市　　鄉/鎮

　　市/區

　　　街

　　　路　段　巷　弄　號　樓

（請寫郵遞區號）

有多少女人覺得不留長髮就活不下去，但卻有百分之九十的時間都把長髮梳到腦後挽起來？假若長髮對你的外型沒有多大幫助，留著它便沒有意義。俏麗的短髮——也就是能表現出它的擁有者自我想法的短髮，不僅能為整體造型加分，也能展露個人風格。它就像一個你總是隨身攜帶、又能搭配各種裝扮的漂亮飾品。短髮比起長馬尾——甚至有層次的長髮——更有活力。

除了髮尾內捲的齊肩短髮或小男孩式的髮型，短髮也有不少其他選擇，但你必須找到一位跟你的審美眼光類似的髮型師。這個人不見得要很有名，只要對方是你信得過、且感覺上能瞭解你的需求即可。若你連續好幾年都找同一位髮型師，而成果讓你驚豔的感覺已經消失，便代表品味更進一步的是你，而不是他。不妨做個小小的探勘調查，直到你找到一位設計師，能剪出你渴望許久的蘇菲亞‧羅蘭式豐盈髮型，或荷莉‧貝瑞（Halle Berry）式的俏麗短髮，或前名模琳達‧伊凡潔麗絲塔（Linda Evangelista）的妹妹頭。記得，若你正值情緒起伏劇烈的時期，剪個新髮型似乎是一種象徵重新獲得解脫的最佳辦法。

然而，晚上六點看起來帶有搖滾酷女風味的髮型，早上八點看起來卻可能有如豆豆先生。也許你應該在決定做髮型大改變之前，先整理好自己的情緒。並且記得，務必選擇適合個人髮質和狀況的髮型！最好確定髮型師瞭解你的頭髮特性，省得最後剪出一個每天早上得多花你兩小時整理的髮型。

此外，在你財力所及的範圍內，請最頂尖的髮型師為你剪髮是非常值得的。畢竟，你付錢買回來的，是一天二十四小時都頂在你頭上的東西。

盲點：	風格不只跟衣著有關，也不是只要體型或高矮對了就能擁有的。
	風格跟你如何呈現自己以及表露在外的舉止儀態有關。同時，你也必須關照身體的各個細節。這表示你應該接納並善加運用所有你必須經營和加強的部分。
	開始著手吧，為肌膚去角質、擦上滋潤乳液、饒過臉上的雀斑、鬆開馬尾、下腹部保持正確的姿勢。你從這一切當中得到的，將會比一件新衣服更多。

SHOPPING

✓ black pants
✓ tailored suit
✓ pants
  stilettos
✓ necklace

第六章

購物前的準備

✳✳✳✳✳✳✳✳✳✳✳✳

Preparing to Shop

課題：　　　　在辛苦整理完衣櫥後，逛街的時刻到了——或幾乎到了。但在你打算像亞拉里克（Alaric）*和他的蠻族部隊快活地在羅馬城大肆掠奪般進攻服飾店之前，腦中清楚知道自己真正想找什麼，是非常重要的。

　　　　　　在下面幾頁裡，你將看到一份列有各種造型和款式的明細，全是每個衣櫥內都應具備的。

* 譯註：亞拉里克，370-410，西哥德人領袖，曾三次率領大軍入侵義大利，於西元410年攻陷羅馬。

「我不知道該怎麼在美國逛街購物。」

—— 黛安娜・弗里蘭（Diana Vreeland）* ——

* 譯註：黛安娜・弗里蘭，1903-1989，20世紀知名時尚編輯。

在列這類明細時，一般人總會忍不住只寫那些歷久不衰的樣式，例如單串的珍珠項鍊、黑色小洋裝、直挺的白襯衫等。然而，我們必須記得伊萊絲‧德‧吳爾夫（Elise de Wolfe）*的口號：「合適度！合適度！合適度！」伊萊絲指的是室內裝潢，而不是人，但這個道理也同樣適用。珍珠項鍊很美，但它是唯一能表現低調華貴的飾品嗎？當然不是！此外，若你喜歡直挺的襯衫，而它也剛巧適合你，太好了；但若漂亮的奶油色喀什米爾羊毛小背心更能襯托你上身的優點，就讓它成為你的基本服飾。從我們今日的衣著可看出，某些新樣式已嶄露頭角，成為裝扮的要素之一。不妨記得這點，然後看看以下的名單：

一、風衣式外套

如其他許多永不褪流行的款式，風衣（trench coat）的設計靈感是來自於軍裝。正如它英文名稱中的trench（壕溝）所示，這種樣式是第一次世界大戰期間的英法士兵進行壕溝戰時的制服。此一關連有點令人感傷，不過從大戰結束至今，它也備受一般民眾的喜愛。

傳統風衣為雙排釦並附腰帶，通常還有可拆式內襯，天氣較暖和時即可拆下，而且風衣相當長，下擺剛好蓋過膝蓋。今日有數百種從風衣衍生出來的款式可供選擇。版子稍窄、長度較短的設計，是你為整體裝扮畫龍點睛時絕不會出錯的選擇。套上風衣，便能毫不費力地為身上輕便的牛仔褲和T恤增添些許正式的感覺。雖然英國名牌Burberry依然在風衣

---

* 譯註：伊萊絲‧德‧吳爾夫，二十世紀初的美國室內設計師，亦是當時美國第一位從事室內設計業的女性。

界引領風騷，但也沒必要覺得自己非得為了它註冊標記的格紋內襯花上一千兩百美元。現在，從高價的Prada到平價的H&M，各家服飾品牌都會推出風衣式外套。只要記得，就如所有出色的設計一樣，風衣也應兼顧功能與美觀。不妨自問，以你居住地的氣候，它是否夠保暖，讓你從春初到秋末都用得上？它是否具有防水功能？它的長度能否恰到好處地顯露腿部最美的部位？它是否會讓你的身形顯得較龐大？若整個人看起來彷彿被外套吞掉，即使全世界最昂貴的格紋風衣外套，對你的外型也沒有多大幫助。

二、除運動服之外的輕便服裝

假裝自己過的生活是白天需穿正式套裝、而夜晚只穿最迷人的巴黎世家（Balenciaga）經典禮服，還挺有意思的。就算你的生活的確如此，相信你也會渴望能夠享受片刻的輕鬆舒適吧？某些人可能每天都如此盼望，因此暖身服、慢跑裝、運動服便顯得特別誘人。其實，只要多點想像力並稍加搜尋，你便能找到跟運動服一樣 —— 或幾乎一樣 —— 輕便舒適、但又不會讓人覺得你好像隨時準備打個盹或上健身房的服裝。

在冬季，不妨試試喀什米爾毛呢長褲，但上身不要搭配與褲子成套的同質料連帽外套，改而選擇能與你其他現有衣物搭配的開襟羊毛衫或毛線外套。何不試試開襟羊毛衫搭配一件清爽的白T恤、黑色的卡布里褲、加一雙帆布娃娃鞋？或者，黑色窄版長褲或深色牛仔褲，搭配深灰色V領毛衣？

夏季時，極貼身T恤和輕飄的麻料長褲，便能帶給你輕便無拘束的感受。也不妨從你的冬衣中選一件喀什米爾開襟羊毛衫隨身帶著，到冷氣太強的地方便可派上用場。除非要去上瑜珈課，否則柔軟的平織棉質長褲最好避免。此刻走在紐約街上的許多女人，完全不知道身上的長褲不僅呈現她們的臀部線條，也把臀部兩側的凹處顯露出來了。酒窩唯一適宜公開亮相的位置，應該在微笑的臉頰上，而不是在臀部。

三、靴子、淑女鞋、芭蕾舞式平底鞋

比經典名牌包更有意思又實用的，便是漂亮的靴子。無論是傳統的馬靴，還是誘人的超細跟皮靴，都很少在每年秋冬的時尚潮流中缺席。一雙黑色靴子總能派上用場，不過美麗的褐色靴子比較沒那麼隨處可見，深綠色則較低調，又能與秋天的色彩相搭。既然現在一年四季都看得到繫帶式高跟涼鞋，典型的淑女鞋反倒成了令人耳目一新的選擇。所謂「典型」，是指鞋跟細高、鞋頭也比老鼠米妮（Minni　Mouse）腳上那雙鞋子尖得多的設計。

至於芭蕾舞式平底鞋，每個人都應該在鞋櫃為它安排一個寶座。它是除平底涼鞋之外另一個成熟又不失甜美的選擇。這種平底鞋不僅穿起來一

樣舒服，跟平底涼鞋不同的是，它搭配休閒或雅致風格的衣著都適宜。
芭蕾舞式平底鞋無論與寬管褲還是短裙相搭，皆顯得高雅柔美，而且也
是出外旅行的良伴。它不容易在機場通關時被攔下來做安檢，坐飛機時
也很舒服。當你抵達目的地，許多穿著絨布運動裝和笨重球鞋的同機乘
客看起來活像要去慢跑或上床睡覺，而你卻依然保持時髦優雅。

四、線條俐落的外套，以及適用於多種場合的上衣

在秋冬季，只要套上一件合身的西裝式外套，搭配牛仔褲和靴子，就很
好看。而將組合方式稍加變化，也能營造出各種不同風格。例如斜紋軟
呢的衣服搭配馬靴，便帶有新英格蘭鄉間風味，而窄版的學院風外套搭
配機車騎士靴，則散發些許搖滾氣息。至於以輕薄衣著為主的夏季，不
妨選擇洋裝或T恤外搭薄薄的開襟羊毛衫，即可展現俐落清爽的風格。
而隨著季節轉換，外套下的上衣質料也會有所不同，因此務必購置幾
件，以便變化搭配。它們可以是襯衫或喀什米爾薄毛衣，或者是其他針
織衣物；而極合身的無袖上衣尤其是夏季的必備單品。幸運的是，它們
的價格大多在一般人負擔得起的範圍內，也有數種顏色可供選擇。

五、有特色的首飾

我們也許應該將這一項分成兩方面來談。首先是引人矚目、且幾乎能滿
足個人對飾品所有要求的單件首飾。我們推薦出自高級珠寶設計師維克
多・德・卡斯特蘭（Victoire de Castellane）之手的華麗大耳環。不

只因為戴上它之後，身上再戴其他首飾就顯得多此一舉，而且它非常昂貴，很少有人買了它，還會有餘錢再去買其他物品。這類正是所謂「引人矚目」的首飾。

接下來則談談所謂具「個人」特色的首飾。對某些人來說，它也許是一串典雅的珍珠項鍊，若真的如此，好極了。但若你不屬此類──或者你是，但想嘗試新鮮的──也有很多其他選擇。例如一只造型特殊的漂亮手鐲，或帶有碧姬‧芭杜（Bridgette Bardot）*風格、同時戴很多串的簡單金手環。記得，這類首飾跟大小無關；重點在於它之所以成為一種具個人特色的首飾，是因為你總是隨身配戴。有道理吧？我們發現一個有趣的現象：無論你穿什麼，身上都會有一件對你具有特殊意義的護身符／項鍊／手環。在這個混亂多變的世界裡，我們當然可以運用一點具有延續不變意味的小東西，不是嗎？

說到這點，當你忙著在各處奔波時，腕上有支別緻的手錶，不僅實用，也是一件漂亮的飾品。再者，偷瞄一眼手錶，也比翻皮包看手機顯示的時間要有禮貌得多。目前市面上現有的選擇很多，從坦克款（Tank）──又是另一個因軍事需要衍生出來的經典設計──到酒桶型（Tonneau），每個人都能找到適合自己的款式。但記得，別為了趕流行，衝動買下某支手錶或首飾。有段時期，幾乎所有十一到廿一歲的少女都跑去買蒂芙尼（Tiffany & Co.）的純銀心形項鍊。若每個人都決定應蒂芙尼的請求，在銀心上刻「拾獲者請送回蒂芙尼精品店」，天曉得第五大道的交通會變成什麼模樣。天哪！光是想到一大群穿著少女名牌服飾裘依西（Juicy）運動裝或喀什米爾毛衣和襯衫的女孩，在第五大道上大排長龍……就忍不住發抖了。

* 譯註：碧姬‧芭杜，六〇年代法國性感偶像。

六、衣服底下的秘密武器

這似乎是常識，但有太多人外表打扮得很時髦，衣服底下的內衣卻慘不忍睹。丁字褲雖然不會像普通內褲般浮出難看的邊線，但也很容易曝光。你的內衣抽屜應該像童子軍一樣，隨時做好出動的準備。這個比喻是有點怪，但相信你懂得我們的意思。就內衣來說，隨時準備出動的關鍵可歸納成兩個字：膚色。無論你本身的膚色深淺，都必須準備跟你膚色相近的胸罩和內褲，這樣才不會從輕薄的衣物底下透出來。記得，早晨七點看起來完全不透明的上衣，到了中午陽光強烈時，可能就會跟沒穿衣服差不多了。膚色內衣永遠是最穩當的選擇，尤其目前正是薄如面紙的T恤和線衫流行之際。

七、日間的正式洋裝

這令人不禁想起過往年代，是吧？當時還有聯誼餐會、僵硬的髮型，以及嚴格的社會規範等。當然，在曼哈頓人流行到鄉村俱樂部過休閒生活之後，社會規範和髮型都放鬆不少。但讓我們感到高興的是，日間正式洋裝依然存在，而且依然非常時髦、現代。

衣櫥裡最好備有至少兩套這類適合日間場合穿的正式洋裝，可省了單件衣物在搭配上的麻煩。雖然套上一件洋裝再簡便不過了，但它所具備的一些特點卻透露出你對衣著的講究。它應該不僅能讓你獲得更好的招待和服務，或許還可幫你升等到貴賓套房或頭等艙，或是排到你夢寐以求的熱門高檔餐廳的座位。你冬季的正式洋裝可搭配不同款式的褲襪或吊

帶襪。夏季，你只需搭配線條柔美的皮製高跟涼鞋或芭蕾舞式平底鞋。
既然現在一般人的衣著越來越輕便，因此日間的正式洋裝通常也適用晚
間場合。要從日間轉換成適合晚間場合的裝扮，傳統的方法是更換身上
的首飾，但現在應該沒有人還想用這種老套吧？何不運用你天生的飾品
——胸部曲線？有不少洋裝的設計，尤其是圍裹式洋裝，可將領口調整
到極低。白天，你可以調高或繫緊領口，或在裡面加一件小背心。到了
晚上，只要將小背心脫掉就行了。

八、下班後的衣著

正如我們所知，幾乎沒有任何衣服款式取代得了黑色小洋裝。然而，一
件仿男士小禮服的高雅長褲搭配無袖上衣，倒也是另一個不錯的選擇。
通常晚間的裝扮便等同於更華麗、閃亮的質料，更大膽的裸露，更緊身
的剪裁，所以反其道而行，便顯得與眾不同又有型。

最重要的是，即使你在下午三點才接到當晚雞尾酒會的邀請函 —— 這麼遲才通知受邀者，實在太失禮，但有時難免會碰上 —— 你對自己該怎麼裝扮，心中早已有個底了，而且是能讓你感覺很棒的造型。

九、新穎、便宜、流行一時的單品

不妨將此當成釋放壓力的出口。追求風格的過程中，免不了需要自制。但為了高雅而時時拒絕流行熱潮的誘惑，可能不免覺得綁手綁腳。有了H&M和Forever 21之類的平價服飾店，你大可選購一件當紅的時尚單品，而不用在四個月後一邊難過地盯著它，一邊納悶自己當初為何會忍心花四百美元，買下一件類似的仿毛皮短外套。不妨偶爾買件二十美元的東西寵愛自己。若你開始覺得這些單品很佔地方，就該毫不留戀地清理掉；反正留之無用，棄之也不至於太可惜。但這並不表示凡是在H&M和同類商店買的東西就該扔掉，而是指那些配合一時流行的單品。

十、牛仔褲

沒有牛仔褲的年代曾經存在；沒錯，是真的。如今我們無論去哪裡都穿著它，即使上歌劇院或參加宗教儀式 —— 呃，我們是不會如此，但曾看到別人這麼做！一個人起碼需要兩件好看的牛仔褲，一件用來搭配特殊造型，一件則為日常外出穿。若你每天都穿牛仔褲，你所擁有的牛仔褲理所當然會更多。但我們認為，即使是最熱愛牛仔褲的人，也不需要擁

有十件以上的牛仔褲。記得，每款牛仔褲的流行熱潮平均只會持續廿四個月。所以別為一時流行的款式投資太多錢。基於設計師牛仔褲的價格已變得如此昂貴，若要選購流行款式，例如煙管、窄版直筒或七分褲之類的設計，最好是挑價格較低的品牌。此外，請對你腰腹部的肉仁慈一點。硬把它擠到從褲頭滿出來，或塞到釦子快爆開，都太殘忍了；最好選大一點的尺碼。若你對尺碼數字真的很在意，就把標籤剪掉吧。

盲點：　　　　　錯誤的預算分配。一般人逛街時，總會忍不住想縮減購買實用單品
的預算。拜託拜託，請抗拒這個誘惑。

雖然想到得分配較多錢來購買黑色開襟毛線衫、品質絕佳但低調的
內衣或另一件灰色法蘭絨摺邊長褲，或許會令你血拼的興頭稍減，
但這無疑是正確的選擇。

對於此類經常穿得到的實用衣物而言，若你光為了省錢而去買品質
較差者，最後你反而得花更多錢送修，甚至淘汰掉、重買一件。不
妨把這句話當成你的購物原則：「買得好就等於省麻煩！」

第七章

出發：終於可以血拼了！

✳✳✳✳✳✳✳✳✳✳✳✳✳

Let's Go:
Shopping at Last!

我們之所以逛街購物，是出於無聊，為了放鬆，為了刺激，為了獲得成就感，為了感覺到自我的存在。但通常我們逛街，是因為自己需要添置衣物。

然而，逛街並不一定能滿足這麼多需求。直到十九世紀中葉，百貨公司才紛紛設立。它們成功的原因，除了商品繁多、貨色齊全，一次便能購足所需之外，在女子單獨進酒館還很罕見的時代，它們也提供婦女一個觀看與被觀看的公眾空間。誰會不想去逛逛？

當個維多利亞時代的理想妻子和母親——換種說法則是當個「家中的天使」——實在沈悶至極，而且太壓抑了！你或許會問，這又跟逛街有何關係？嗯，瞭解逛街這件事為何在我們的文化中佔有一席之地，能幫助你成為一個更好、更精明的購物者。

「時尚可以用金錢買到，但風格則是一個人本身必須具備的。」

—— 埃德娜・烏爾曼・卻斯（Edna Woolman Chase）* ——

* 譯註：埃德娜・烏爾曼・卻斯，1877-1957，在1914年至1952年間擔任《風尚》雜誌美國版總編輯。

我們將在此章指出逛街時應留意的特定商品。今日，商店和購物中心儼然主導了市鎮景觀，由此看來，購物這件事似乎從未像現在一般，在我們的文化中佔有如此顯著的地位。過去，待在家中很難會花好幾千美金買內衣，但現在不同了！你可以透過許多途徑購物消費，而這也引發了各種問題。

母女有類似的服裝偏好，已不是新鮮事。但差別在於，現在的母親似乎希望自己的裝扮像女兒那一代，而非同年紀者。雖然以前你會跟著母親逛同一家服飾店，但你們可能各自在不同的服裝部門找到自己想要的東西——既然你已出生、且大到懂得逛街，便表示你的母親不會去「少女裝」部門選購自己的服裝。而每個小孩到了某個年齡，便會夢想有天能擁有屬於自己的成人服飾。但這段典型的成長歷程如今已不復存在，就像在街上聞到一股嬌蘭的一千零一夜（Shalimar）香水味，隨著某位美女消失在「巴斯克海岸」（La Côte Basque）高級餐廳的門後。過

去，這段歷程很簡單；對男孩而言，是從短褲換成長褲，對女孩來說，則是第一雙高跟鞋。但今日這個行為已不再令人興奮，因為做父親的可能大多數時間都穿短褲；而母親若平日只穿羊毛靴，高跟鞋便不再算是一個女孩變成女人的象徵。

以往那套裝扮和買衣服的規則，意味著服飾店所販賣的商品通常能吸引既定客層，但此景已不再。如今，努力嘗試表達厭煩和不滿心態的少女陷入了一個嚴重的困境——當她的小妹妹身穿印著龐克樂團雷蒙斯（Ramones）肖像的T恤童裝，媽媽的皮包則印著海盜旗上的骷髏頭，她自己該怎麼打扮？過去，二手商店以及特定的小店可滿足那些愛作怪的人的需求。而今日，林立的連鎖服飾店則將向來象徵叛逆不滿的東西加上各種可能的誘惑賣給所有年齡層的人。黑色指甲油，你挑釁的本事到哪兒去了？

當然，如此現況也有它的好處。只要做點研究並留意細節，你應該就能經常找到自己真正需要的商品。關鍵是聰明購物，換句話說，就是強迫自己少買東西。

隨走隨逛：超大量販商場

過去曾有能讓你逛好幾個小時的商場，也有讓你衝進去買了東西就走的小店。絕對有一大群人聲稱他們可以在沛力客（Pep Boys）汽車百貨

連鎖商場耗上好幾個小時研究機油、撫摸牌照框。祝他們好運。無論你家附近的汽車百貨商場有多吸引人，你光顧時心裡應該知道自己想買什麼，接著便直接往它放置的地方走去，研究一下四到五種同類商品，從中挑選一樣符合你需要者。以往，你去找之前缺貨的火星塞途中，可能會停下來順便看看很酷的駕駛外套。但如今情況已有所改變。或許汽車百貨商場仍是個例外，但未來我們很可能會看到某個熱愛車子的時裝設計師打破這個界線，例如湯姆‧福特（Tom Ford）之類的時裝設計師和汽車天地（AutoZone）百貨商場合作推出賽車服。一方面，在好市多（Costco）量販店也買得到喀什米爾毛衣，這是個好消息。當初誰會料到有天能在掛滿嫩粉紅色喀什米爾羊毛背心的架子旁，選購一大箱牛肉乾？這正是「家畜的每一部位都不浪費」之理論的跨界實踐！另一方面，這也意味著生活與消費之間的分野變得越來越模糊，而我們失血的荷包正證明了這點。

我們離題了。然而，當我們從賣乾酪脆餅的貨架再經過兩三條走道，便能選購洋裝時，就必須運用一套新的謹慎購物模式。噢，貨價上標示的那些有趣名稱多誘人！我們都知道世上沒有免費的棉質波浪邊短外套，但看哪，這件只要二十九塊美金！這種好價錢的確令人難以抗拒，但在我們把短外套連同爆玉米花鍋和幾盒果汁扔進超市推車前，必須問自己兩個問題：首先，這件衣服是否能在當下這個季節穿？記得，無論這家標榜「別緻又便宜」的商場怎麼大做廣告，棉質跟聖誕時節還是完全不搭。我們之所以提出這條規則是有理由的，可不是因為我們有從事毛紡業的朋友。日子過得很快，我們經常日復一日做同樣的事：起床、工作、上床睡覺。但人類還需要一點不同的變化！由於科技的確保護我們不受環境和氣候的嚴苛改變所侵襲，所以你或許會問，在感恩節穿薄紗

衣服有什麼不可以？嗯，因為你一生穿到薄紗衣服的時機多得是，況且說真的，誰會想那麼做？當天氣變冷時，何不高高興興地翻出漂亮的大衣來穿？或是在穿了一整個冬天的厚重毛衣後，換上輕盈的棉質長褲？相同的道理對住在氣候差異較小之地區的人也適用。即使住在佛羅里達州棕櫚灘（Palm Beach），偶爾也需要從萊姆綠換成黑色衣服 —— 或至少換成洋緞質料的萊姆綠。如此不僅能為我們的生活提供些許多樣性，而且 —— 這點可不能小覷 —— 也可讓你暫時從某些衣物中解放出來，這樣才不至於對你所擁有的一切感到無比厭倦。

衣服質料不合季節還會產生另一個更實際的問題：它使你顯得格格不入。無論那件短外套的棉布質感有多細緻，只要過了十月，就該收起來。我們談的並非一月在邁阿密穿著度假裝或半透明的青灰色棉質線衫搭配黑色九分褲。我們要說的重點是，正當地面有積雪時，你竟穿著一件看得出是棉質的淡色線衫，或一件對當下的時節和場合來說太過輕薄的洋裝。也許它的樣式很美，價格又便宜，但你絕不會在六月穿格子呢、在十一月穿麻料服裝。

會在寒冷的季節販售質料太薄的服裝，並不僅限於我們前述的平價量販店，如今許多地方也紛紛出現如此狀況。因此消費者本身必須明瞭其中的落差，並自我克制。身穿那件「度假用」的棉質薄洋裝，不僅無法為你保暖，而且看起來倒像是準備提著野餐籃到郊外享用雞蛋沙拉，而非站在聖誕節應景的槲寄生裝飾下享用蛋酒。

在購買減價衣服前該自問的第二個問題是：它是否兼具美觀與功能？我們不妨先來談談美觀的樣式設計和功能，以及讓一般人也負擔得起的設計。每個擁有好眼力和敏銳感官的人，都會喜愛美的事物。在看到某樣吸引你的物品時，收入的多寡並不會影響你欣賞並感受愉悅的能力。事實上，感官敏銳的人在邁向高薪階層的過程中，眼光可能也會變得更挑剔。不過，為大眾而設計是一件好事──這樣就沒有人會買到醜陋的劣等貨。出色的設計是美觀與功能完美結合的成果。任何曾到宜家家飾（IKEA）買書架回來自己組裝的人都能證明，這跟一邊喝著雞尾酒、一邊聽室內設計師跟你保證裝潢工人會準時做好屋內書架，是截然不同的體驗。然而，當樣式設計和功能都能達成應有的效果，誰又會在乎這個？若你的書能妥善藏放（功能），書架很美觀（樣式），而且它也不會倒下來壓到你和你的訪客（待客的基本標準），那麼你和宜家家飾都達成目標了。不過可別一邊組裝書架，一邊喝雞尾酒；太危險了。

量販店的不少商品都能滿足美觀與功能這兩種需求，但也有許多則否。功能越複雜──例如三吋高的高跟鞋跟不僅要支撐你的腳，還得保持平衡──似乎就越容易被同類的高價品比下去。功能越簡單──例如彈性小背心、購物袋──滿足需求的機率也越大。購買功能較複雜的商品最常發生的狀況是，你只顧到樣式美觀，而沒想到它的功能嚴重不足。它

也許是一件標價只有六十美金的皮夾克，雖然很便宜，但卻硬得像舊雨靴 —— 而且是質料差又難穿的舊雨靴 —— 你還會想穿嗎？在大賣場買基本功能的商品無妨，但要當心那些划算得難以置信的貨色。而且在折扣商場付錢買衣服之前，務必要試穿。說真的，買下之前絕對要試穿，沒得商量。那裡的衣服尺碼可能跟你所預想的不盡相同，假使你買回去就再也不會穿，即使只花二十美金，也嫌太多了。

購物遊獵之旅

在大部分情況下，我們堅信，一旦找到合意的東西，就不要見異思遷，不過偶爾我們也會建議你試試反向操作。不妨將你熟悉的一切先擱在一邊 —— 只是暫時而已 —— 深入偏遠之地。假使你屬於高雅成熟的服飾品牌艾琳·費雪（Eileen Fisher）的忠實顧客，你也許得先容忍一下成

群的青少年和屬於那個世代的音樂，逛逛Forever 21。同樣的，若你是風格新奇可愛的Urban Outfitters品牌的愛用者，說不定你也能在走簡潔俐落路線的Ann Taylor Loft連鎖服飾店發現一條漂亮的摺邊寬筒長褲。既然一切都跟個人風格有關，那麼你對某個特定品牌的貨色感到厭倦──或感興趣，但這又是另一個議題了──又有什麼不可以？畢竟風格是由你來決定的，跟穿哪個品牌無關。你當然明白這點，說不定此刻正意味深長地點點頭，不過小小的提醒應該無妨。

不妨記著遊獵之旅這個比喻。你正在陌生的土地上旅行──當地人的外貌和裝束可能跟你大不相同，而你也應該不會想拿iPods跟他們做交易，但你沒有理由不去享用探險的成果。你毋須留下來，當然也不一定要買任何東西，但你或許可以從某間高檔服飾店內的服裝造型汲取靈感。說不定你在接下來的幾家店裡，就會愉快地發現一件價格在你預算之內的同型商品。不要被自己的年齡或性別所限制。多年以來，便有不少身材嬌小的女性常在男童服飾部門選購美觀又合身的外套、毛衣和襯衫。

百貨公司：瞭解採購人員

過去，百貨公司曾對我們的購物活動產生極大影響，如今此景已不再。併購以及市場的轉變，不僅讓一些最著名的百貨公司從此消失──例如邦威泰勒（Bonwit Teller），人們並沒有忘記你！──再加上其他購

物途徑的紛紛出現，使得這個領域的面貌永遠改變了。然而，只要購物中心依然需要靠主力店來吸引大量人潮，百貨公司就會繼續存在。畢竟，當你只有三十分鐘的空檔，卻同時得買小禮服、果汁機、還有鞋子時，有什麼地點比百貨公司更合適？

我們都知道，不同類型的商店滿足不同消費者的需求。懂得聰明購物的人則更進一步去瞭解她偏愛的品牌服飾系列的採購人員。我們並不是建議你想方設法查出採購人員的名字，然後約她去看電影，而是建議你對她從事採購工作時的審美眼光有所瞭解。

你大概有過類似經驗：在廣告或雜誌上看到一件衣服，然後去某家百貨公司尋找，雖然那家店內有同一系列的服裝，卻沒有你想要的那一件，後來你去別家分店才找到。雖然相互競爭的百貨公司可能都進同幾個系列的服裝，但它們的採購人員並非同一人。各家百貨雇用的採購人員，會負責從某個系列當中挑出最能代表其公司訴求與特色的單品。這也是為什麼華盛頓特區的薩克斯（Saks）百貨公司販售的商品，會跟紐約第五大道的分店不同。瞭解各家採購人員眼光差異的最佳辦法，是親自探察不同的兩家百貨公司所進的同一位設計師的服飾，就如我們當初所做的一般。我們選了設計師黛安·馮·福斯騰堡的個人品牌服飾，百貨公司則鎖定薩克斯與尼曼馬克斯（Neimn's）。薩克斯所進的貨充滿了色彩和印花圖案──令人聯想到拉斯維加斯的狂野週末。而尼曼馬克斯所進的貨則比較容易令人聯想到開完會再去高級餐廳晚餐；不用說它們依然性感誘人──黛安·馮·福斯騰堡的設計向來如此──但明顯以單純的色調和較典雅的樣式為主。若你屬於拉斯維加斯狂野週末的類型，便會清楚知道自己應該直接去薩克斯百貨，這樣你便可以在前往機場前，

保留較多時間做全身噴霧仿曬。

瞭解採購人員的眼光，也能為你在前往選購適合自己的服裝時提供心理防護罩，不至於在途中受那些你應避免穿著的衣服所誘惑。為何你明知不適合自己的那些服飾，掛在衣架上卻顯得如此誘人？就以連帽斗蓬為例；當它掛在衣架上、甚至在你拿到試衣間試穿時，它似乎正對著你低語，「高潮起伏、冒險、刺激」。一旦你買下來帶回家，它卻彷彿透過布料對你冷嘲熱諷。那誘人的低語消失了，取而代之的是一遍遍嘲笑聲，唱著「正好掛起來當窗簾」。若你深信離連帽斗蓬很遠的某個位置，採購人員已進了一套絕不會嘲弄你的衣服，或許能幫你抗拒誘惑，繼續往前走。

高檔精品店：你們有暢貨中心嗎？

擁有的錢比自己希望的少，有幾個好處，其中之一是養成自制的習慣，當然也可能經常令人感到怨忿不平──不過我們還是看光明面吧！高檔精品店無論只販售單一設計師的作品，還是巧妙組合了許多設計師的服裝，皆可提供絕妙的啟發。若你對香奈兒或Burberry之類的大品牌有興趣，這些年它們也都設立了暢貨中心。在準備花大錢之前，何不先逛逛那些精品店，記下你中意的商品，再打電話詢問暢貨中心？沒有冒險，就沒有收穫──況且你還可能為自己省下一大筆錢。若暢貨中心沒有你要的貨色，而你覺得沒花到錢便一刻也活不下去──即使隨便買什

麼東西都好——就回去那家精品店把你要的商品買下來，至少你不會到
事後才為了亂買東西而後悔。

個人開設的獨立精品店通常最令人驚豔，逛起來也最能啟發靈感。這類
小店在紐約市隨處可見，而且進門後映入眼簾的是一個迷人且全然精緻
的服裝天地。若店主的眼光精準，店內的每件服飾應該都精巧合宜，並
透露出美感，跟其他的擺設共同營造出一個宛若珠寶盒的天地。再加上
店內的服務人員——通常是店主本人——完美搭配的造型，整家店便散
發出獨特的魔力，讓你忍不住想買下所有東西！即使你是創投家，所擁
有的最大膽服裝也不過是比一般V領領口稍低的毛衣，而那家店看起來
卻有如史蒂薇·尼克斯（Stevie Nicks）*的衣櫃，也毋須感到不自在。

---

* 譯註：史蒂薇·尼克斯，七、八〇年代當紅的流行樂團佛利伍麥克（Fleetwood Mac）
　 的女主唱之一，裝扮帶有飄逸輕靈的風格。

你想要那雙深紫色平底靴跟這件薄紗及踝長洋裝，以及那件鑲珠披肩，還要這件蒙古羔羊毛夾克……等一下！先走到店外深呼吸一口氣。或許你真的從此永遠成為這家店的忠實顧客，也可能只是一時被迷昏了頭，幾天後便會懊悔不已。何不少花點錢，暫且只選一件具備使你著迷的元素、又能跟你現有衣物搭配的服飾？不妨捨棄那件薄紗長洋裝，改買一件薄紗襯衫，如此你只要加一件外套，便能穿去上班。

暢貨中心：非常划算的折扣

過去，暢貨中心的貨色正如你所猜想的，都是沒賣出去的過季商品。後來暢貨中心大量湧現，甚至出現大型暢貨商場，突然間，幾乎每家品牌都設立了暢貨中心。許多品牌看出這是一個新的商機，於是開始特別製造批給暢貨中心的服飾。也許只有我們會覺得，知道這點稍微減低了逛暢貨中心的興奮感。因為暢貨中心的吸引力，部分來自於你會猜想自己剛在伍柏利園區（Woodbury Commons）──距紐約市一小時車程，號稱最高級的暢貨中心（若真有這種事存在的話）──買下的那件外套，曾掛在第五大道的精品店衣架上。當曉得它原本就是專為暢貨中心製造的，購物欲可能不會如當初一樣強烈。但若那件外套很合身又好看，質料也不差，就沒什麼好在意的。

專為暢貨中心製造的服飾，有時尺碼算法會跟店面貨不同。雖然差異不大，但若你是某家品牌的某個特定款式長褲的愛用者，在它的暢貨中心買下好幾條同款長褲之前，最好試穿一下。此外，專為暢貨中心製造的

商品，通常會使用和店面貨不同的質料，這也可能會影響合身度。

我們認為逛暢貨中心有兩種方式。若是每年都會出的基本款，在暢貨中心找到便宜好貨的機率便相當高。這一種屬於精準明快的暢貨中心逛法——你清楚自己想買什麼，先打電話詢問，得到肯定的回覆後，立刻趕到現場買了就走。第二種、也是比較危險的逛法，則是沒有特定目標，隨便看看。就如你想像得到的，這種方式是每家店都進去逛逛，看一下是否有什麼商品能引起你的興趣。為何這種逛法比較危險？嗯，大打折這件事，似乎常讓一般人的理智短路。「這些壁爐木柴架打二五折！我要買。」沒問題，等你拿回家，才想起家裡根本沒壁爐。有句老話說，在原價時絕不會買的東西，折扣時也不該買。真是再正確不過了。但總是忘記這句老話，似乎是一般人逛暢貨中心時普遍發生的狀況。然而，只要你保持堅定，逛暢貨中心便行得通。若屈服於折扣的誘惑，你就只有準備重新清理衣櫥的份了。

二手服飾店：有異味、昂貴、恰如所望

除了房地產，很少有什麼東西像二手的中古服飾一般，即使是好幾年前的舊貨，依然能勾起強烈的購買欲。而能說出以下那種話的人，總會令人覺得有點跩：「喔，這個啊？沒錯，是迪奧的，不過我只花了六塊三五美金在俄亥俄州康頓市（Canton）的二手店買的。它當然是十五年前的……」

過去，「中古」這個字的定義比現在來得窄。一般來說，它是指至少二十五年或更久以前的衣物，通常只有怪人和反世俗陳規的人才會穿，並不是主流裝扮。某些特定團體，例如鄉村搖滾樂迷，曾將它當成其文化的重要元素之一，但一直到九〇年代初車庫搖滾（grunge）盛行之際，二手舊衣才真正進入主流。繼弗萊德・羅傑斯（Fred Rogers）[*1]之後，大概沒有人像寇特・柯本（Kurt Cobain）[*2]一樣，讓舊毛線外套那麼出風頭。此類裝扮愛好者特別青睞破舊的二手衣，對亮麗嶄新的服裝不屑一顧。在時尚界開始注意到這種裝扮前，唯一的選購地點是舊貨店或二手服飾店──假使你的祖父母並未體貼地精選一些舊衣留給你的話。雖然車庫搖滾興盛的年代已過，但大眾已見識到二手舊衣的魅力，而且依然持續至今。之後的風潮則顯示人們對二手衣的興趣時高時低，不過起伏很小。二手衣不僅曾堂堂登上星光大道，今日它也不再是怪人的同義詞，而是代表了品味、好眼光和低調。

當初你有機會、卻未用十五塊美金買下那套聖羅蘭吸煙裝（le smoking），現在回想起來應該會感到懊悔不已。如今大眾已清楚明瞭中古服飾的真正價值，而且目前一般人買得到也負擔得起的舊衣，大部分依然是手工縫製的。你可以光顧專賣二手的設計師服飾的精品店，裡面的服飾不僅精美，而且經過仔細挑選和整理，只不過沒有撿便宜的機會。但這是否表示你該為自己從沒找到某個未發掘的寶物而失望？不必，但你或許應該調整所謂「寶物」的定義。二手衣通常很容易激起隨興搭配的慾望，結果反而使自己看起來很可笑，因此經典款式會是你的最佳選擇。駱駝毛外衣、雜色圖案毛衣，以及印花薄棉裙等，都是永不過時的款式。你會希望衣服隱約透露復古風情，而不是看起來像你的曾

[*1] 譯註：弗萊德・羅傑斯，1928-2003，著名的美國公共電視兒童節目主持人暨素食主義者。

[*2] 譯註：寇特・柯本，著名的美國搖滾樂團涅槃（Nirvana）主唱，1994年引彈自殺。

嬸婆當年在小鎮社交舞會邂逅曾叔公時穿的服裝。也須當心不要被懷古幽情的迷霧蒙蔽了你的眼光，誘使你以為珠飾開襟毛衣或網狀連帽泳裝外袍是出手購買的好目標。相信你平常理應穿不到綴滿珠子的開襟毛衣和網狀連帽泳裝外袍──除非你的確過的是需要穿到那類衣服的生活。根據逛二手服飾店的規則，若你平常不會穿珠飾開襟毛衣和網狀連帽泳裝外袍，那麼會吸引你的絕對是仿毛皮外套之類的服裝。

既然當今的時裝設計師們經常從許久以前、甚至較近的年代擷取靈感，因此購買二手服飾會是一個幫你跟上流行、又不需花太多錢的好方法。然而當你試穿時，它們的效果不見得會跟全新的復古服飾一樣。首先，就如我們之前討論過的，尺碼算法已有所改變。其次，對衣服線條比例的審美眼光也會隨時代的不同而轉變。第三，既然二手服飾店通常每種款式都只有一件，你穿起來剛好合身的機率便微乎其微。別被購買欲沖昏頭而欺騙自己。若你發現自己正喃喃地說，「我想這袖子夠長。」其實不然。不如嘆口氣，惋惜地把那件衣服掛回架上，繼續搜尋。當你真的買到合適的二手衣，在穿上身之前，請務必先清洗或送去乾洗。

網路：隨時逛，隨時買

在親眼看到實物前便訂購，已不是什麼新方法；靠郵購目錄購物早就行之有年。然而，就接觸層面的廣度和便利程度來說，網路卻是無可比擬

的。它已改變此章提過的所有商店類型以及大眾的購物方式。隨著許多商店的客服店員越來越少，網路提供的無店員式服務就變得更加誘人。不過你必須仔細留意與退貨相關的規定，這樣只要到手的商品稍有差異，即可退貨。

當心別針製造出來的假象。無論何時都要記得這條購物守則；因為許多實體商店也會用完全相同的手法欺瞞顧客。情況如下：你在網上或某個櫥窗看到一件一字領毛衣，樣式和剪裁似乎很貼身。太棒了！正好搭配你的小蓬裙。於是你按下滑鼠，它便成為你的。在滿心歡喜的期待了幾天之後，你的毛衣送到了，結果卻活像是個麵粉袋。它是同一件毛衣沒錯，但某個奸詐的製造商心知根本不會有人想穿這種沒型沒款的醜毛衣，所以便用了幾個別針或其他類似工具，把多餘的布料別到人形模特兒背後再拍照。有兩種方法可以避開別針陷阱。首先，若你正在逛某家服飾店，不妨比較一下櫥窗陳列的衣服和掛在衣架上的同款商品。若它們陳列在櫥窗裡的模樣看起來線條明顯又合身，但掛在衣架上的卻是鬆垮垮的直筒狀，那便是別針製造出來的假象。下次你再逛這家店或它的網站，就要記得這點！

若你逛的是網站，則應特別留意附在衣服照片旁的質料說明。你可從中大略判斷衣服的鬆緊合身度。只需稍加研究一下你衣櫥裡的衣服，便能估量出一件牛仔褲若含有百分之五的彈性纖維，對合身度有多大影響。然後在埋頭逛網站時，好好運用這些知識。

立即的滿足：H&M

噢，這些店對我們逛街購物的方式造成多大改變！H&M對一般人衣著裝扮的影響，就如宜家家飾之於家居擺設一般 —— 亦即以極低廉的價格，提供大眾最新的設計。在成為歐洲的主要零售商後，它的連鎖店也逐漸在美國各地設立。瑞典人想必特別偏愛價廉實惠的商品！我們不斷、不斷在店裡驚喜地發現有如此多價格低廉的好貨色。然而，這真的是一個寬敞不擁擠、安靜舒適的購物天堂，而且裡面的每件服飾都漂亮有型？錯了，店內人潮洶湧，吵雜不堪，架上的衣服也擠到幾乎無法好好端詳。而且若你看到一件不錯的毛衣，決定一星期後再來買，到時候你大概會後悔，因為你再也找不到同款貨色，它會被泳裝、擋風外衣或亮澤布料的束腰外套所取代。H&M將購物過程濃縮成仿若掠食者般的本能反應：搜尋、鎖定目標、下手。這段搜尋到下手的迅速行動，絕對會讓你的腎上腺素升高。一旦你的心臟開始狂跳，判斷力就會減弱，而下一刻你只知道自己已成了一件或三件無肩帶水洗絲連身褲的主人。

在這塊放眼望去皆是低價品的恩戈羅恩戈羅火山口（Ngorongoro Craters）狩獵時，你必須掌握一個要點，便是擬定計畫。且讓我們暫時使用這個火山口的比喻，並順便說明一下，恩戈羅恩戈羅位於非洲的坦桑尼亞（Tanzania），鄰近塞倫蓋提大草原（Serengeti），有各式各樣動物居住或途經這個面積廣大的火山口，可說是一個活動頻繁的地區，非常類似H&M。當你準備開始逛之前，先問自己一個問題：我屬於斑馬、羚羊之類的有蹄動物，還是貓科動物？我們本身是採用貓科動物結合速度和專注力的方式，這樣在我們的神經開始受到琳瑯滿目的商品刺激之前，就已經付好帳，或至少在排隊。或許你的個性比較冷靜，

類似羚羊，而非獵豹。羚羊會比獵豹花較久的時間逛，但她找到好貨的機率比較大，因為她能耐心地在一堆堆東西中慢慢扒翻。只是真正的羚羊用的不是手掌，而是蹄子，但你懂得我們的意思⋯⋯

說真的，有這麼多地方能逛，也有這麼多商品供你挑選，然而購物之旅最要緊的一部份，應該是在你離家之前便開始了。你該問自己一個顯而易見的問題：「為何我今天要出去購物？」這並非禁欲練習，只是一個簡單的自我問答。也許這星期你的工作不順到極點，亟需一個發洩的出口，出去走走對你會有幫助。你答應要給自己一個補償──沒錯，你度過了痛苦的一星期，這是你應得的。要點是，當逛得差不多時，你給自己的補償應該要能令你快樂，而且不會造成荷包大失血，或者為早已塞爆的衣櫥多添一件衣服、皮包，或一雙鞋子。否則這只會更增加你的壓力，結果為了發洩，你又再去購物，然後⋯⋯你應該看得出模式了。

不妨選購某樣可用完即丟的東西，例如高檔的身體乳液或新上市的沐浴品，或是一件彩妝品。即使是一條新色唇膏，也能安撫心情。恪守教規的清教徒或許對如此膚淺的想法不以為然，但為了驅除挫折感、百無聊賴或憂鬱不快，即使買一條廿五元美金的唇膏，也比買一件兩百五十元美金的毛衣划算多了。

盲點：	「你應得的，唇膏能安撫心情」的做法，並不表示你就可以每周花高達三位數美金的錢在唇膏上。

若你在需要發洩情緒時，馬上就想到逛街購物，或許你應該更認真地審視造成負面情緒的因素。看似完全無法克服的問題，通常都能比你想像的快速——或至少較有效率的——找到解決之道。

下次，當你感覺到一股「非花錢不可」的狂熱慾望來襲時，不妨邀某個你信賴的人陪你一起逛街。藉這個機會跟對方談談造成你負面情緒的原由。之後，或許你會心滿意足地回家，把衣櫥裡現有的衣服——和早已擺在化妝檯上的唇彩——再拿出來試試。

第八章

配件：對搶手名牌包説不

❋❋❋❋❋❋❋❋❋❋❋❋❋

Accessories: Say No
to the "It" Bag

| 課題： | 是為整體裝扮畫龍點睛，還是藉機大肆炫耀？過去十年來，配件以驚人之勢再度成為時尚焦點。 |

現在，就連蹣跚學步的孩童，也會對著母親的設計師名牌布拉尼克（Manolo　Blahnik）高跟鞋流口水；而寵物若沒有價格等同女主人一條胳臂或一條腿的寵物袋，便懶得進去。這點顯示寵物和小孩都會被大而閃亮的物品所吸引，也正反映出今日最搶手的配件全都太大、太炫。

既然你不會讓你的約克夏犬幫你選衣服，那麼為何要讓對你一無所知的人為你決定該用什麼樣的提包？

「我從未看過一個我不喜歡的提包。」

—— 一位耽溺於時尚流行的同事

真是夠了。老一輩的人對於適度配戴飾品的建議是，你應從身上取下一件首飾再出門。這等於假設你已配戴了一件以上的飾品，但此一假設本身便值得商榷，也可能引發更多疑問。再加上多串式項鍊的流行──這類項鍊通常都美極了──因此這個建議早該跟老一輩的人一起退休了。目前大多數人在配件運用上的問題是，她們看起來活像是剛在布魯明代爾（Bloomingdale）百貨公司飾品部參加過累人的超市大贏家比賽（Supermarket Sweep）*，全身上下的每個配件都彷彿競相宣告它們的出身。從皮包、墨鏡到皮製便鞋，無一不大刺刺地秀出品牌。當這些人經過你身旁時，說不定你還能認出她們擦的是哪個牌子的香水。

像戴徽章似地炫示品牌，實在算不上有風格。「快看！」這些配件爭相懇求著。「我的主人很有錢喔，而且跟你訂同樣的雜誌！」何不乾脆提著在超級市場買的塑膠購物袋，把信用卡明細貼在上面就好？這樣既不會磨損配飾，又可以讓所有人都知道！

---

*譯註：超市大贏家比賽，於限定時間內找到數量最多的指定商品者獲勝。

提包

這個配件也被稱為皮包（purse）或手提包（pocketbook），視你居住的地區而定。它是現今許多設計師事業經營中的主要品項。提包和香水讓更多人能享受到其所熱愛之品牌的奢華光芒，不過我們稍後再來談香水。提包的體積比手錶或眼鏡大得多，而且我們每天都用得到，這使得它成為一種完美的身份表徵。一件四百美金的胸罩非常精美，但很難在大眾面前展示而不引起議論。

基於提包在表露身份地位上的優勢，我們必須使用特殊的詞語來形容它。我們能否對它做較深入的解讀？可以。我們將借用一些你早就在中學國文課堂上學過的詞彙，幫助你確認自己沒誤用了假名媛之流才會帶的提包——假使你是出身豪門世家的話。不妨參考下列範例：

調性：

這是你為自己以及身上的衣著所設定的基調。比方說，你二十歲，從大學返家過感恩節，並且跟你高中時代的死對頭露西約在當地的星巴克咖啡見面。你和露西現在變成朋友了，但你在出門前還是刻意把頭髮吹得筆直平順。露西，看招！

措辭：

你選擇的提包須配合上述基調。由於你們約中午在星巴克見面，所以你選擇了粉紅色絨布休閒長褲，和相配的一字領T恤。它們都相當輕便、休閒。不過你是個品味圓熟高雅的女子，所以你在擦上唇彩、走出家門之前，順手拿了你的LV（Louis Vuitton）Speedy系列大提包。

提包表達的意義：

這個提包實際上是什麼？嗯，它是褐色皮質，有提手和拉鍊。它是用來裝東西的。但它並不是用來讓露西眼紅，而只是……

提包的隱含意義：

富裕、高貴，品牌成立於一八五四年，珍妮佛‧洛佩茲（J. Lo）為它拍過廣告，某位叫潔西卡的明星也用過它。你懂了吧。即使沒見過世面的露西也認得那幾個英文字母。

所以，上述情景有哪裡不對勁？你的措辭毀了調性，小姐。沒錯，就是這樣。你的調性非常休閒，你和身上的衣著都是適合上購物中心咖啡廳的模樣。可是提包表現出來的感覺卻像是準備去巴黎開會。但這不正是

人們總掛在嘴上所謂不同風格的混搭？其實不然。

在上述範例中，落差過大反而相互衝突。你的提包非但跟衣著不協調，在對比之下尤其顯得昂貴得突兀。若你拿的是仿冒品，這一來更容易引人注意到它和正品稍有出入的色調，而露西也絕對會看在眼裡。但令人安慰的是，調性與措辭不協調的問題很容易解決。第一個辦法是拿另一個提包，也許是你掛在門後架子上的那個LeSportsac帆布包；它輕便的尼龍質材，搭配你休閒式的衣著正合適。不過我們大力推薦第二個辦法：將絨布休閒長褲換成極合身的牛仔褲——不要緊到讓你難受，但也不要鬆垮垮的；T恤則換成一字領線衫，運動鞋換成芭蕾舞式平底鞋。如此你的措辭便升級了，提包就不會顯得格格不入。

選擇提包

買提包跟買寵物一樣，你必須評估家裡的空間有多大，你是否有時間照料、維護，而且必須體認到一個好的提包可以讓你用很多年。若你的收納空間或財力有限，最好的方式當然是買一個能完美搭配各種裝扮和場合的提包，無論去海邊野餐，或是參加一場為某位瀟灑的波蘭貴族舉辦的熱鬧正式晚宴後的宵夜餐會，都能派上用場。正如你所想像，參加那類夜宴就像做夢一般。你需要幾個經過精挑細選的提包，數量不用多，但足夠讓你應付各種想像得到的場合，即使是帶著筆記型電腦幫那位貴族遛狗——不過這樣大概就需要用到兩個提包。

我們先來討論幾個跟提包樣式有關的基本概念，供你做為選購時的參考。形狀越不固定、框架越不明顯的提包，就越不正式。相反的，形狀和框架越明顯的提包，就越正式。你如何分辨它的內裡是否有框架？其中一個方法是將它放在地上。它是否能保持直立？通常裡面有框架支撐的提包，底部會有支點，或某種可讓皮包直接放在地上、不會傾倒或垮下來的設計。此類提包具有較明確的線條和固定的形狀。若你現有的衣物比較適合搭配勃肯鞋（Birkenstocks）──即使是金屬亮澤或漆皮款式，都不適合拿這類提包。勃肯鞋愛用者比較適合拿鬆垮的軟質肩背包，例如大大的半月形肩背包。雖然鬆垮的軟質肩背包可能跟正式提包一樣昂貴，上面也有許多搭釦和兔腳護身符之類的裝飾，但這類樣式基本上感覺較年輕，也較不正式。

上班用提包

這類提包適合你每天帶著去上班。它的容量必須夠大，裝得下你所有需要的物品，同時又不會像是快被擠爆或走了形。由於不少人喜歡隨身攜帶很多東西，因此這類提包的體積通常比較大。這點本身並不是問題，但有兩項規則必須留意。第一，提包大小應配合你的身材比例。若你只有五英呎高＊，掛在你肩膀或手上的龐大提包絕對會令你看起來不勝負荷。第二，別因為你很高，就以為你可以拿著大如行李袋的提包到處跑。雖然「大提包」和「小行李袋」並沒有很清楚的區隔，但我們向你保證，當你看到就會明瞭。若你仍不太確定，不妨選小一號的提包。然而，提包是否看起來像行李袋，通常不完全跟體積大小有關，反而是形狀類似行李袋的設計特別容易造成混淆。

在選購上班用的提包時，最好挑提帶夠寬、夠牢固者，以支撐和分散重量，提或背起來也比較舒適。攜帶只有一條細帶子的大提包，等於折磨你的肩膀或手腕。那種疼痛會導致彎腰駝背，不僅姿勢難看，也毀了你的整體造型。因此在購買之前，最好確認提包好提好背。

既然這個提包必須用途廣又能搭配各種衣著造型，因此你還得確認它是否能與你的其他配件和首飾的色調相配。換句話說，若你是金色飾品的死忠愛好者，那麼一個有銀色大鈕子和拉鍊、以及好幾個銀色索環的提包，就不算是個好選擇。

這點又帶到顏色問題。最理想的狀況是你有一個上班用提包，可搭配黑色和冷色系鞋子，還有另一個可搭配褐色及暖色系者。若你現有的衣物

＊ 譯註：五英呎，約一百五十二公分。

和配件大多屬於同一色系，不妨投資較多的錢在此色系的提包上，另一個提包則挑選美觀別緻、但價格較便宜者。

在你指稱這不可能做到之前，且讓我們告訴你一則軼事：我們曾與一位非常時髦的年輕女性開會。會後，留著閃亮金色短髮的她一邊跟大家互道再見，一邊將她的拉鍊式多夾層皮包甩到肩上。當我們讚美她的皮包時，她促狹一笑，回道：「說得對極了，謝啦！」那只皮包是以只吃香甜嫩草的小牛犢身上最柔軟的皮所製造嗎？並不是。它是否刻意做得很像那些要價一千五百美金的名牌皮包？沒有，它只帶有少許類似的設計風格。它是否很好看又實用？當然。

夏季用的提包

雖然許多上班用提包全年都適用，不過為搭配最輕薄的夏季服飾 —— 尤其度假或遠離都市時 —— 便需要感覺較輕盈的提包。這正是草編、椰葉纖維編織，甚至帆布質材的提包上場的時候。一只形狀和線條顯明、且細部裝飾別緻的草編或帆布包，不僅適合帶去海灘，也適合上班用。提醒你，當我們提到去海灘，指的是散步。若真要拿來裝大毛巾和防曬乳，最好是用比較便宜、花色活潑亮麗的提包。畢竟這是夏天！

晚宴型手拿包

最令人煩惱的事，莫過於發現你當年為參加畢業舞會所買的晚宴包，跟你現在身上那件法國高級時裝品牌葛蕾（Grès）晚宴禮服完全不搭；或者是你手上那只硬匣手拿包看起來活像個發亮的茄子，搭配你的小禮服顯得非常突兀。最保險的辦法是買黑色的晚宴手拿包。市面上當然有很多不同樣式可供選擇，但記得，你需要的是能搭配自己現有的所有正式和半正式服裝，而不只是身上的那件晚宴服。若你想做點不同的嘗試，晚宴用手拿包是最適合到二手服飾店尋寶的品項之一。

鞋子

嗯，該從哪裡開始說起？我們最近造訪了三州交界之處眾多購物商場當中的佼佼者，紐澤西州小丘市（Short Hills）的小丘之購物中心（Mall at Short Hills）。請注意它的名稱；無論在任何情況下，都不能稱它為小丘購物中心（Short Hills Mall）。我們雖然半開玩笑地這麼稱呼它，但若遇到當地居民，即使是個性最隨和的，也會開口糾正你。我們還逛了尼曼馬克斯百貨的鞋類部，偷偷觀察人們，試圖找出他們買鞋的模式。我們現在可以肯定地說：人們會心甘情願地投下多得離譜的錢買鞋。我們大可待在家裡觀賞重播的《慾望城市》影集，也能得出同樣的結論，但我們樂於做實地調查。

買鞋是一件非常個人的事；某個人用來走路的鞋子，對另一個人來說卻有如折磨雙腳的細高跟鞋。我們曾與一位女士共進晚餐，餐後，她立即脫下腳上的Prada高跟鞋，換上Gucci的漆皮低跟涼鞋走回家。各人的喜好不同，花在看足科醫生的金額高低也不一樣。然而，且不管品味和預算，每個人起碼應擁有下列幾樣：

一、兩雙靴子──一雙較講究，一雙較休閒。
二、幾雙可以穿去上班、也適合搭配牛仔褲的平底鞋。
三、一雙引人注目、華美精緻的晚宴鞋。

帕許米納大披巾（Pashmina）的普及

長久以來，大披巾在美國並不像在歐洲一般受到女性的青睞。人們當然會戴，不過並非每個人都會天天在頸上掛條漂亮的圍巾或披巾。但到了九○年代，帕許米納大為風行，突然之間，到處都看得見它們的蹤影，而且私下還傳說有使用非法剪取的極細羊毛製造、有錢未必買得到的「特別」貨。顯然這種取毛方式對山羊全無好處，也受到法規禁止。今日，帕許米納處處可見，你在第七大道便能買到，基本上就位於賣糖烤花生的小販隔壁。你也可以上網或去任何一家百貨公司選購，而且只要隨便問問就會知道許多女性都這麼做。帕許米納的品質差異很大，一般而言，在糖烤花生攤附近買到的質料比較差。我們喜愛帕許米納，也認為它是為冬季大衣增添獨特風情的好方法。雖然它的確已從一時的流行

產物搖身成為日常必需品，但仍有幾項需要留意的規則。

首先，柔和、中性的顏色是最佳選擇。我們發現，這類顏色的帕許米納披巾即使質料不佳，看起來依然相當美觀，而且搭配性最強。既然它是圍在頸上，你當然不希望太重的顏色跟你的臉龐膚色相衝突。你的膚色越深，便越適合顏色較深濃的圍巾，同時也適用中性色。濃豔的色調尤其適合膚色較深者。膚色蒼白者不妨試試象牙色、灰棕色、駝色。它們柔和悅目的色調，可襯托面容，營造出清雅的效果。

其次，若你打算戴淡色的帕許米納圍巾搭配深色大衣或毛衣，最好先在家裡試穿，看看是否會有沾毛的問題。如果會，不妨隨身攜帶一把小毛刷。其實最好隨時在你的提包裡放把小毛刷。

第三，若你打算將帕許米納當披肩使用，尤其是出席需精心裝扮的場合，最好盡可能買質料最佳者。質料較差的帕許米納拿來當圍巾或許效果還不錯，但若當披肩用，單薄的缺點便一覽無遺。隨時確認你的披裹方式夠巧妙雅致；畢竟你可不希望自己看起來像把一條大桌巾披在身上。前面打個鬆鬆的結，或簡單的披裹，應該就能呈現不錯的效果。

第四也是最後一項使用規則，則跟比例有關。最好確認它夠長，足以讓你在頸上打個鬆鬆的結之後，還有相當長的部分垂下來。尾端僅及胸骨會令人覺得有點悲涼，彷彿圍巾的擁有者不小心把它放進乾衣機，害它縮了水。除非你只是為了好玩，否則圍巾垂下的部分也不要長得太誇張。至於何種程度就算太長？若你在頸下打結之後，低頭便無法看到自己的鞋子，就表示你的帕許米納太長了。這樣既不實用，也沒必要。

關於質料輕薄的大圍巾，還有一點小提醒。隨著帕許米納披巾已成為冬季的必需品，人們也開始嘗試質料全年皆宜的圍巾。這是另一樣以往僅有歐洲大學生才會使用的配件。戴一條皺皺的棉質大圍巾並沒什麼不好，但須注意的是，這種裝扮非常休閒。最好的狀況是，它透露出一種城市漫遊者的逍遙姿態 —— 你可以一時興起，隨手把頸上的圍巾拿下來裝食物去野餐。最壞的狀況是，它透露了你才剛從廉價的學生旅社走出來。

絲巾

這一類最頂級的莫過於法國名牌愛馬仕（Hermès）的絲巾。它不僅有各種圖案和顏色可供選擇，同時也是財富與奢華的象徵。如此組合向來廣受喜愛，不過有時可能略嫌老成。以「這個舊東西啊？」的隨意姿態配戴絲巾，絕對能使它呈現最佳效果。比如說，你正要去趕搭火車，於是匆匆忙忙把絲巾圍在頸上隨便打個結，衝出家門。當你趕到車站，即使臉色泛紅，但看起來美極了。

雖然各年齡層的女人都適合使用絲巾，但我們曾見過一個十二、三歲的小女孩，將一條愛馬仕絲巾綁在頭上當頭巾使用。她的黑髮梳理得一絲不苟，臉上還掛著大大的黑框眼鏡，看起來像是為了玩「不給糖就搗蛋」，而刻意假扮成迷你版的葛羅莉雅・健力士（Gloria Guinness）*。假使你早已超過十二歲，倒不妨試著配戴絲巾。

* 譯註：葛羅莉雅・健力士，1912-1980，健力士黑啤酒廠繼承人洛爾・健力士（Loel Guinness）之妻，衣著風格成熟精鍊。

香水

沒有任何配件比香氛更具影響力、更私密的了。在開始討論香水的魔力前，且讓我們先列出幾個有用的術語。記得，若要研究各種香氛和它們的化學結構，可能得花許多年，因此以下只是一個幫助你開始學習的簡略介紹。

基調

這是在嗅聞一款香水時可分辨出來的不同氣味。大多數香水皆具有前調、中調、後調。前調是一擦上香水便能聞出來的味道，接著是中調，

最後是做為基底的後調。這些基調通常可營造出暖柔的印象，並讓香氛更為持久。隨著擦上香水後慢慢釋放出來的香味，則被稱之為「後味」（drydown）。

在嗅聞某款香水 —— 且假設它的名稱為「草地上的貓」（Chat Sur L'Herbe）—— 你或許會說，「我聞到明顯的廣藿香、水果和小貓身上的味道。」但既然香味以及我們對它的反應是非常個人的，因此你的好友對同一款香水的描述可能會是，「我聞到廣藿香，但也聞出楓糖香味。」等到一小時後你們再同時嗅聞，她也許會補充，「但後味是麝香和花生太妃糖的香味。」

討論香水，跟討論葡萄酒非常類似 —— 你知道的詞彙越多，就越能流暢地描述你對它們的感覺。磨練嗅覺靈敏度的方法之一，是嗅聞你周遭的一切。一般人多的是比這個還奇怪千百倍的行徑，所以假若有人疑惑地斜眼看你，不妨有禮地告訴對方，你正在拓展自己的嗅覺領域。當你打開一本全新的精裝書，不妨深吸一口氣。它聞起來跟你放在書架上多年的書不一樣，對嗎？在享用外帶的泰式炒河粉之前，不妨讓你的鼻子細細體味萊姆的清爽、羅望子醬的甜味，以及魚露強烈的鹹味。如此不僅對你的嗅覺有好處，食物吃起來也更有滋味。一旦你開始嗅聞，你將更有能力分辨特定香味帶給你的感覺。也許麂皮的味道能撫慰你，因為它令你想起某個心愛的人常穿的外套；又或者柑橘味可能會讓你備感壓力，因為它令你想到節慶假期，而十月已經到了，你卻還沒開始購買過節要用的東西，況且……這樣你應該有點概念了吧。

對於何種味道算是「好聞」，各個文化皆有不同的認定，而我們本身也

因文化背景的差異而受到影響。要成為一個能敏銳分辨氣味的人，必須做到的其中一點是超越那些侷限。你當然沒必要去嗅聞鄰居車庫的氣味；只需放開心胸，不要自我設限即可。不少人承認自己喜歡「奇怪」的氣味，例如極淡的瀝青或汽油味。當然，你不會想買瀝青味的香氛蠟燭，但偶爾一絲淡淡的味道倒也頗能提振精神。

許多香水都會加入少許具刺激性的基調，跟極淡的汽油味的作用類似。某些香水，例如時裝設計師川久保玲自創品牌Comme des Garçons的「Odeur 53」香水，即含有一系列具刺激性的味道：指甲油、燒過的橡膠、影印機碳粉等氣味。它們組合在一起，卻形成一種愉悅、清爽、合成的獨特香味。

香氛家族

香氛大致可分成四個涵蓋極廣的類型。我們將討論的第一類是柑苔（Chypre）。橡苔（oak moss）、皮革和木質，是許多柑苔型芳香的主幹，另外再混入些許果香或花香味。

帶果香的柑苔型香氛中最出色的，莫過於嬌蘭（Guerlain）的「蝴蝶夫人」（Mitsouko）香水，它極致經典的芳香帶有甘美的蜜桃味。至於帶甜美花香的柑苔型香氛，可以「性感密使」（Agent Provocateur）香水為例；它所採用的花香基調為玫瑰。對比較不瞭解香水的人來說，柑苔型的香氛乍聞之下會有「老氣」的印象。這是因為此類型的表親

──帶果味的花香──遠比它更容易被人接受。然而，只要多花點時間嘗試柑苔型香氛，你便會愛上它。它深具個性，而這正是我們每個人都想擁有的。對於希望以香氛表現機智圓熟韻味的人，不妨記得美國小說家暨詩人桃樂西·帕克（Dorothy Parker）* 廣為人知的軼事之一，便是她自從方斯華·柯提（François Coty）於一九一七年調製出直接以「柑苔」為名的香水後，便一直沈溺其中。

柑苔型的近鄰是東方味。人們通常會以辛香、溫暖等詞語形容此類型的香氛。琥珀、麝香、香草、香脂和黑香豆等香味通常在其中扮演主要角色，並賦予香氛一種慵懶的韻味。某些東方味香氛尤其濃郁強烈，例如聖羅蘭於一九七○年代推出的經典香水「鴉片」（Opium）。另一些東方味香氛則純淨感性，令人聯想到檀香或安息香等，例如「阿蒂仙之香」（L'Artisan Parfumeur）的「冥府之路」（Passage d'Enfer）。還有一些則幾乎如美食般誘人垂涎，例如設計師品牌蒂埃里·穆勒（Thierry Mugler）的「天使」（Angel）或嬌蘭的另一支經典香水「一千零一夜」（Shalimar）。

在果園深處享受陽光的，則是柑橘型家族。這個清爽淡雅的家族是許多古龍水香氛的重要元素，並且常與香藥草和香料的味道搭配。這類香氛可清淡，也可刺激，例如4711的「4711號古龍水」，或更刺激一點的，如「彭瑪之源」（Acqua de Parma）的「獨立殖民地」（Colonia Assoluta）香水。幾乎所有屬於柑橘型的香氛，男女皆適用，是特別有彈性的一個類型。

---

* 譯註：桃樂西·帕克，1893-1967，言語與筆鋒幽默機智，著作包括《首席情人》、《墓誌銘》等。

最後談到的類型則是花香味。它是一個分枝廣佈的龐大家族，所含括的範圍從最嬌羞的紫羅蘭單一花香味（soliflore）香氛 —— 即只含一種花香的香氛 —— 到散發馥郁濃烈的茉莉、玫瑰、依蘭依蘭（ylang-ylang）花香的尚巴度（Jean Patou）*「喜悅」（Joy）香水。某些花香味輕快愉悅，彷彿一邊跳躍，一邊大喊著「青春！」另一些則彷彿厭倦了人生，只想再來一杯雞尾酒。

該擦哪一種香氛

只因為你剛好想再來一杯雞尾酒，並不代表你必須使用會令人聯想到類似感覺的香水。無論請教哪一位香水迷，他們都會告訴你，市面上的香水之所以會有男用和女用之分，只是一種市場行銷策略 —— 說某個香氛「太年輕」或「太老氣」，也是基於此一策略。但我們得承認，之前提過的那位戴愛馬仕絲巾的十二歲小女孩，若身上噴了一大堆卡地亞於一九八一年推出並大賣的「唯我獨尊」（Must de Cartier）東方味男用香水，恐怕就會出現上述問題。然而，除了不適用安息香調的小女孩之外，你在選擇香水時，則毋須顧慮年齡問題。

不過，使用香水須考慮到一般禮節。若你馬上要出門，用量絕對要適可而止。記得，當你的嗅覺持續接觸某種味道，就會習以為常。當你認為可能需要補噴香水時，坐在隔壁桌的人也許覺得你的味道已經強烈到連用嘴巴呼吸都還聞得到的地步了。

---

* 譯註：尚巴度，二〇到三〇年代最偉大的服裝設計師之一，他的香水至今仍是世界知名品牌的象徵。

不同季節適用的香氛

以你居住地的氣候而言，這或許不見得是一個需要討論的問題。再者，是否在九月美國勞動節假期一到，就該將白鞋連同淡雅的花香味香水束之高閣，換成帶有黑胡椒、薑餅、松樹香調的香水？其實並沒有一體適用的規則可循。不過，若你住在像紐約市之類的地方，夏季酷熱又潮濕，大概也不會希望總是擦檀香帶木質香味的香奈兒「島嶼森林」（Bois des Iles）香水。在濕黏炎熱的八月天，噴點清爽的愛馬仕「清新綠柑泉」（Eau d'Orange Verte）香水正合適。不妨將這兩種香水想成一個是沁涼的檸檬水，一個則是熱騰騰的香料甜紅酒。等經過六個月之後，你又漫步在八月時走過的同一條街，此時已是天寒地凍，白雪皚皚，那瓶暖香濃郁的「島嶼森林」香水剛好能與你的肌膚和頸上的圍巾相得益彰，並為寒冬增添些許暖意。此刻你還會想要冰涼的檸檬水嗎？當然不會！嗯，我們本身是不會，但或許你特別偏愛檸檬水，無論氣候如何，整年都需要。我們唯一的請求是，若你屬於濃郁暖香的愛好者，夏天使用時請務必非常克制，尤其當你打算坐在我們身旁的地鐵車廂座位時。

盲點：　從偶像歌星、網球選手到法國電影明星亞蘭‧德倫（Alain Delon），似乎每個人都推出與其同名的香水。所以，一款香水如何在競爭如此激烈的市場存活？就跟早餐麥片和雪鞋的銷售方式一樣──透過行銷策略！通常一般人都是經由廣告得知某款香水上市的消息。當我們在雜誌上看到一張廣告照片，或讀到媒體發佈的宣傳訊息，便受其影響，認為這款香水正適合自己。

曾是帕森學院學生的時裝設計師羅德里‧奎茲（Narciso Rodriquez）在薩克斯百貨推出他的同名香水當天，帕森學院時裝設計系的每個樓梯、電梯和穿堂，在下午三點便瀰漫著那款香水的淡淡氣息。學生們顯然都趁午餐休息時間跑去薩克斯百貨了。對我們來說幸運的是，羅德里‧奎茲的香氛相當迷人，如此暢銷倒也理所當然。

不過，無論廣告照片如何誘人，評論如何大加讚美，你都應該親自嗅聞再下判斷。當然，你也可以反向操作：你可能已先聽過有關某款香水的負面評論，但在親自嗅聞後，卻驚喜地發現它正合你意。就如你不會隨便告訴任何人你穿多大尺碼的長褲般，你也絕無必要刻意讓別人知道自己用的是多高檔或有名人加持的香水。

第九章

特殊場合

✦✦✦✦✦✦✦✦✦✦✦✦✦

Not Your Everyday
Occasion

還記得童年時的宴會服裝，以及那段穿著白色短襪和漆皮娃娃鞋、無憂無慮的日子嗎？隨著長大成人，你得到的很多——也許跟童星起家的雪莉・鄧波兒（Shirley Temple）一樣甜美，也能隨心所欲地以卡本內葡萄紅酒佐晚餐——但輕輕鬆鬆便能選定盛會裝扮的日子已一去不復返，就如你的嬰兒肥般。

如今，你也許有成人肥，但這並不是此章的重點所在。我們的目標是幫助你在為參加特殊場合盛裝打扮時，重新體驗到些許童年時期的輕鬆無憂。只要一點點事前準備，就沒有一種特殊場合能難倒你——無論它是隆重或奇特的。

「你也許很想問，在一個有粉紅色男士晚禮服外套

這類服裝存在的世界裡，

（禮儀小姐聽了不禁打個寒顫，還是相信你所說的），

所謂『正式』是什麼意思。」

—— 《禮儀小姐指南》（*Miss Manners*）專欄作家朱迪絲・馬丁（Judith Martin）——

今日，人們通常把自己最愛的名流走星光大道時的精心裝扮，當成華麗造型的參考標準。「我可不是，」也許有些人會嗤之以鼻地說。「約翰·辛格·薩金特（John Singer Sargent）* 的畫作才是我的華服參照標準。」這很好，但一般人會選擇開電視觀賞那些抵達艾美獎頒獎會場的明星。換句話說，大眾對於與電視無關之盛會裝扮的概念，正因為觀看這類俗豔衣著大集合而被誤導。我們認為，這形成了一種「多即是多」的觀念。一個有分辨能力的小女孩，怎麼會只想穿義大利設計師品牌卡瓦利（Cavalli）的服裝參加她首次的領聖餐禮？但若她從小便常在電視上看到參加盛會的珍妮佛·洛佩茲，這就不足為奇了。

我們希望看到人們重新回歸低調的華麗，也就是較不那麼閃亮亮的華麗裝扮。不妨少想到瑪麗蓮·夢露，多參考洛琳·白考兒（Lauren Bacall）。

---

* 譯註：約翰·辛格·薩金特，1856-1925，美國肖像畫家。

解讀邀請函

很久以前，人們擁有一套規範可資遵循。無論是跟民謠中亞瑟王的英勇
事蹟或是Ved forsigtighet og bestandighet＊有關，你都敢說圓桌武
士或挪威國王腓特烈五世總是清楚知道該穿什麼去參加餐前酒會。但今
日，事情沒有那麼簡單了。你依然可以找一本提綱挈領的禮儀指南，書
中會清楚告訴你該怎麼穿，不過等到了會場，你很可能發現全場只有你
參考過禮儀書。若你覺得穿著粗皮厚底鞋、軟呢帽，以及傳統的孔雀毛
領衫，才是參加四月中旬約克郡獵宴的得體裝扮，因為那正是此一場合
的正確衣著，倒也不錯。但若你發現在場的其他人都只穿牛仔褲和喀什
米爾毛衣，並開始感到渾身不自在，那麼衣著的正確性就不如讓自己感
到自在來得重要了。特殊場合 —— 我們也將假期包括其中 —— 衣著裝扮
的要點，應是在得體與自在之間取得恰到好處的平衡。

＊作者註：1746年至1766年在位的挪威和丹麥國王腓特烈五世以這句話做為座右銘，
　意思是「謹慎行事、表裡如一」。此話似乎也適用於政治和裝扮上。

若邀請函上註明的服裝規定，不要老是突然出現新類型，事情就會簡單得多。換成腓特烈五世，若看到「加州風便服」（California Casual）的服裝規定，他會怎麼做？我們永遠不知道。但我們可以幫你解讀邀請者的內心想法。在解讀過程中要提出的第一個問題是：為何有服裝規定？假使邀請者並非虐待狂，一心只想看到你穿上表現「鄉村方塊舞風采」的服裝，那麼服裝規定便是為了營造某種特定氣氛。

我們曾在南加州參加一場午後婚宴，請帖上註明的服裝規定是「野餐服」。我們坐在漂亮的陽傘下，婚宴餐點裝在野餐籃後端上桌，還附上老式的亞麻餐巾。那是一個和暖的下午，而身穿比一般婚宴輕便舒適的服裝 —— 女士穿著低胸小洋裝，男士則為卡其衣褲 —— 讓整個下午瀰漫著一股悠閒甜美的氣息。服裝規定可以說完美地營造出新人所期盼的一種輕鬆閒適氣氛。

然而，當你覺得自己對增進某種特定氣氛的想法可能跟邀請者不同時，難免會感到無所適從。對於如此困境最有效的解決之道，絕對是直接打電話詢問邀請者，他或她在邀請函上註明的「費茲傑羅（F. Scott Fitzgerald）*式衣著」是什麼意思。有時你不見得會得到明確的答覆，可能由於邀請者認為不要讓你感覺有壓力比較好 —— 其實並不會，因為我們都寧可清楚知道對方的期待 —— 另一個可能則是聯絡不到邀請者。若是如此，你便得盡可能蒐集資料。宴會將在哪個地點舉辦？場地屬於何種類型？若是在五星級的皮爾飯店（Pierre Hotel）舉行，你就有點概念了；若是在布魯克林釀酒廠（Brooklyn Brewery），則是另一種狀況。而邀請者是屬於乏味的律師型，還是隨興的書籍編輯型？賓客當中可能有多少人身上有刺青？⋯⋯

* 譯註：費茲傑羅，美國作家，作品包括《大亨小傳》等。

或許新近出現的常見規定中，最令人煩惱的是「節慶裝扮」。我們有次參加一場宴會，某位氣質高雅的友人依照邀請者的服裝規定，頸上掛了一串閃爍的聖誕節燈飾，搭配他慣常穿的深色亞曼尼（Armani）西裝。雖然為符合服裝規定而特地去買燈泡電池，可能不怎麼吸引你，但這種應對方式倒提供了有趣的一課。無論你赴會的地點位於何處，或邀請者的規定為何，你都必須忠於自我，視本身的實際狀況選擇服裝，否則到最後你只會在匆促之間白買了一些以後永遠也穿不到的衣服，而且穿起來也很不自在，因為你所挑選的根本不適合你，結果從頭到尾都覺得渾身不對勁；這可不是邀請者當初所希望的。

然而，「忠於真實自我」的節慶裝扮概念，並不代表你就可以穿著短褲現身，而是指些許天馬行空的點子，幾乎都能達到不錯的效果。畢竟每個人都喜愛異想天開的有趣念頭！再回到「節慶裝扮」的服裝規定：它可以是一個以某樣閃亮行頭現身的時機。不過並非諾蘭・米勒（Nolan Miller）* 式的鑲珠禮服，而是加入些許引人注目的特點；閃亮且富巧思的配飾便很理想。這是將你內心對裝扮的奇思異想表現出來的好機會。我們認為，節慶裝扮所要求的趣味氣氛，跟超級性感——例如令人目不轉睛的乳溝展示——是完全南轅北轍的。對許多年輕女性來說，若沒把兩球乳房擠高到引人矚目的地步，就不出門。這種刻意大秀乳溝的行為，已經到了不在場也猜得著的可厭程度，而且無論什麼場合皆是如此。何不以一雙凸顯腳部曲線的華麗鞋子，展現另一種性感風情？

或者，你大可身穿自己最愛的黑色洋裝和淑女鞋，加上一只誇張醒目的珠寶大戒指，雙唇抹點鮮紅色的唇膏亮相，也不會有人提出異議。嘿，何不輕鬆一下，享受人生？

---

* 譯註：諾蘭・米勒，美國電視戲服設計師，最著名的作品是電視影集《朝代》（Dynasty）中一系列的服裝。

關於小禮服（Black Tie）的各式規定：可穿著、建議穿著、彈性穿著

這些規定通常較針對男士。大略來說，它們的解讀方式如下：

可穿著小禮服（Black Tie Optional）：

若你沒有領結和男士黑色小禮服，也可穿著深色西裝、白襯衫，搭配考究的領帶。

建議穿著小禮服（Black Tie Encouraged）：

這是強烈建議穿著小禮服、但又不想讓那些沒有小禮服的人覺得自己不夠格赴會的一種說法。

彈性穿著小禮服（Creative Black Tie）：

這只是以較令人耳目一新的方式建議穿著小禮服的另一種說法；例如搭配黑色襯衫或不同樣式的領帶。對許多男士而言，直接選穿傳統的小禮服，並設法讓談話內容有創意，說不定還簡便得多。

對女士來說，這所有規定都僅代表一點：

你擁有許多選擇。根據我們的經驗，須穿著小禮服的場合，對女士而言越來越像是「衣著講究的雞尾酒會」。換句話說，禮服的長度不一定得曳地。視你出席正式場合的頻率，不妨選擇一件能以美麗配飾妝點的高雅——即黑色——小禮服。若你經常受邀參加正式舞會、大型典禮，以及高雅至極的晚宴舞會，你就可能需要購置幾件曳地長禮服。而參與盛會的男士們——或許你已留意到——則會穿大禮服（white tie）。這是最正式的男士禮服，必須穿燕尾服，並搭配白色襯衫和白背心。

同事派對

此類場合的裝扮重點,是如何在盡興玩樂和專業形象之間達到恰到好處的平衡。

若派對是在大家下班後直接舉行,你只需穿著當天早晨你從井然有序的衣櫥裡挑選出來的服裝即可。或許可在你的辦公桌前梳妝一下──如果你擁有個人辦公室或是辦公桌之間有隔板的話;若沒有,去女廁也可以──從平日的淡妝換成較濃豔的妝。派對舉辦地點也是關鍵;若是在公司的會議室,提供的是便宜的葡萄酒,你也許不需要特地更換服裝。如果是在洛克斐勒中心六十五樓的彩虹廳(Rainbow Room),仿男士禮服的長褲加高雅的無袖上衣或許就可以了。雖然你已下班,但依然跟同事在一起,所以再次提醒你,最好避免大秀乳溝。此外,無論你喝的是廉價葡萄酒還是高檔調酒,都應適可而止。

加州風便服

這跟佛羅里達風便服、加勒比海風便服、德州風便服等類型相近。此刻,說不定有人正在某地計畫辦一場明尼蘇達風便服派對。加州風便服的意思,並非像Google創辦人之一塞吉・布林(Sergey Brin)身穿T恤在瑞士達沃斯(Davos)的世界經濟論壇年會上露面般,而是一種

亮麗雅致但舒適的裝扮方式；例如捨小禮服，改穿較輕便的小洋裝。或者以德州風便服為例，便是捨淑女鞋，改穿牛仔靴。這是一種新方式，讓大家有機會在其他場合穿度假服，而不僅限於冬天在特克斯和凱科斯群島（Turks and Caicos）*度假時。

冬季的盛裝

男士們在冬季參加須盛裝打扮的場合時，很少需要操煩服裝問題。男士小禮服跟無肩帶低胸長禮服相比，絕對保暖得多。所以，你如何讓自己看起來高雅動人、又不會冷得發抖？有些人或許會說，「我寧可凍僵也不穿大衣——反正只有一晚，就算冒著可能因體溫過低而休克的危險也值得！」我們雖然敬佩這種愛美不顧一切的態度，但問題是你可能牙齒打顫、嘴唇發青地抵達會場，這可會讓你的外型大大減分。

對此，有幾種永遠適用的應變之道。第一種方法是利用喀什米爾或類似毛料的披肩。就如我們在配件一章提過的，披肩的尺寸和長短應符合你的身材，樣式也須精緻美觀，除了保暖之外，又不會顯得寒酸。另一種方法近年來較少人採用，即仿毛皮短外套。它的名稱真有意思！在所有外套和大衣類型當中，唯一可與之匹敵的是寬身連肩袖大衣（balmacaan），這是一種寬大衣，布料會隨穿著者的動作飄盪，袖子的縫線則直達領口。你也可以選穿質料講究的寬身連肩袖大衣，不過我

---

* 譯註：特克斯和凱科斯群島，位於西印度群島的度假勝地。

們先回頭討論仿毛皮短外套。顧名思義,它是一種短而蓬、長度及腰、毛茸茸的外衣。我們比較推薦仿毛皮,因為目前市面上可供選擇的漂亮款式很多,況且同時購買喀什米爾披肩和短外套,也比買一件真皮草大衣便宜多了。

披肩和短外套的另一個極大的優點,是它們相當短——因此不用煩惱你身上的禮服和大衣長短比例的問題。今日大多數人已不太在意裙子是否會從大衣下擺露出一小部份,但有時——算我們古板吧——看起來就是不太對勁。何不選擇一件可搭配各種長度裙裝的溫暖外套呢?不過話說回來,也有少數裙裝搭配蓬蓬的短外套不盡理想。像是娃娃裝之類,搭配起來就有點怪。不過若你擁有一件適合正式場合穿著的娃娃裙裝,顯然你眼光不錯,所以何不搭配風衣?

以風衣搭配晚宴服,是我們偏愛的造型之一。它有種隨心所欲、「只是順手套在我的高檔禮服外」的意味。選擇一件黑色風衣,尤其是帶點亮澤的質料,任何晚宴場合都適宜,而且平常也可以穿。不過要再次提醒你,須留意裙擺與風衣的長度。

在我們目前的這個時代,已可以買到美觀、時髦——甚至考究——的連帽外套。許多時裝設計師都推出有蓬度的晚宴外套;我們甚至看過公主袖的貂毛樣式!這類外套若具有誇張醒目的領子、緊腰的設計,或濃豔的顏色,穿出去絕對不會顯得格格不入。當然,若搭配比小禮服更正式的衣服,可能就有點冒險。不過至少能幫你保暖!

家族會面

在許多場合中，大多數人既不希望自己的光采被掩沒，同時又希望無論身在何處，光采都能恰到好處地受到讚賞。雖然此段標題的原意是會見男友的家人，不過我們把範圍擴大到身為新加入者的你，即將與一個成立已久的大團體成員會面。在面對這種情況時，自信是最基本的要件。不過，無論何時不都是如此？然而，當你要會見的人是未來的姻親、醫師公會同業，或西洋棋俱樂部的同好，你絕對會小心謹慎，不願出任何差錯，畢竟每個人很快就會認得你。若天氣許可，羊毛平織洋裝會是絕佳的選擇。它的質料不至於太厚重，可適度地飄動，同時也免除了搭配上的麻煩。再者，它能讓你順暢呼吸，所以若你得溜進洗手間深呼吸、換換氣，至少讓你難受的只有緊張的神經，而不是身上的衣服。

王室婚禮

若你接到這類邀請，請用電子郵件將疑難問題傳給我們，我們將會回覆。

非王室婚禮

婚禮為一般人——我們說的是自己——樸實無華的生活，注入了些許炫目光采。它應該是一個大肆歡慶的場合，所以何不穿上得體的服裝，好好玩樂一番？除非新人的觀念非常保守，否則黑色服裝如今已不算禁忌，尤其對於在晚間舉行的婚禮而言。若不熟悉新人所屬的文化背景和習俗，便有必要事先做點功課。只要在網上稍加搜尋，就會知道穿粉紅色服裝參加克羅埃西亞人的婚禮是否犯了大忌。若你真的選擇穿著黑色服裝，不妨配戴色彩醒目、設計奇特的配飾，為整體造型增添光采。但關於參加婚禮的衣著，有一點是沒有改變的，那就是賓客不宜穿著全白服裝。老實說，既然有這麼多人不太適合穿白色，何不讓新娘在這個屬於她的大日子裡，成為唯一需要跟白色奮戰的人呢？

另一項也是長久以來沒有改變的規則，則是典禮進行時不宜裸露肩膀。有人可能會說，只有在教堂或其他宗教會所舉行的婚禮，才有必要遵守這項規則。然而，你何必剝奪自己在喜酒會場大出鋒頭的樂趣？到時候你大可甩開披巾，讓在場的所有人對你美麗的肩膀驚豔不已。

喪禮

我們盼望你一生中參加的婚禮遠比喪禮多。雖然黑色依然是最能表達哀悼之意的顏色，不過如今也可穿著其他深色服裝。焦點應在於喪禮的過程，而非你的衣著，所以最好選擇簡單、樣式保守者。

對某些人而言，收拾行李所造成的沈重壓力，跟死亡、離婚或搬家沒有兩樣，但至少你可以穿著亮麗顏色的衣服打包！即使經常出差旅行的人，也可能會對收拾行李有焦慮感──不過一般而言，這些經常在空中飛來飛去的商務旅客，對如何整理行李都有很明確的概念；服裝僅需挑選幾套即可。商務旅客會讓行李越輕便越好，並且明瞭自己只需要兩套西裝，一套不需陪客戶晚餐時穿的服裝，以及幾件方便行動的便服。我們打包任何物品時，都應該向他們看齊。但這就沒什麼樂趣了！

收拾行李是一件嚴肅的工作，既然要增添一點樂趣，我們建議不妨加入幾個「主題敘述句」，這是一種有效率地挑出應帶衣物的方法。若你要「以都會俐落風格的裝扮造訪法國南部」，你就不該帶「鄉村方塊舞造型」的衣物。這種方法是設定出一個主題，幫你確認該打包哪些衣物，同時也能避免把其他不該帶的東西放進行李箱。你可能會忍不住想設定這類主題──「一個把衣櫥裡所有從未穿過的衣服穿上身的人」。請抗拒這個誘惑。若穿那件和服式上衣走在柏克萊市（Berkeley）的街道上會顯得很怪異，在柏林也不會好到哪裡去。

設定打包主題也是避免你受「打包想太多症候群」侵襲的好方法；許多旅行者都會染上此症。誰知道呢，我們說不定會受邀參加阿爾巴尼亞領事館的晚宴舞會，或是到西雅圖拜訪親戚時，臨時被推上台擔任一場慈善募款拍賣會的司儀。然而，身為人類的好處之一，就是人生難免有出乎意料的變數，沒人能在事前準備好迎接它們的降臨，那些大費周章放進行李箱的襯衫到頭來只是白忙一場……。假使阿爾巴尼亞人邀你過去

坐坐，你大可臨時再去添購行頭，也許他們會請你順便去光顧當地知名的阿爾巴尼亞長袍裁縫店。說不定要符合「地拉那（Tirana）*式便服」的服裝規定，最要緊的部分正是買到一件完美的束腰帶長袍。

好，再回到打包這件事：一個高明的行李打包者，能正視真實的自我，並坦白承認會穿到哪些衣物。在感恩節假期回老家住五天，究竟會穿到幾條牛仔褲，我們都心知肚明。

在此提供一個練習──只攜帶一件隨身行李，讓整段旅程衣著造型的落差儘量縮小，就如上文提到的感恩節假期般。探視家人通常情緒波動比較大，這是理所當然的，但穿著打扮通常比較休閒。只攜帶你絕對會穿到的；沒有多餘的選擇，也沒有「預防萬一」或「說不定情緒一來便想穿」的衣物。現在就設定好你的情緒，然後將衣服裝進行李袋。或許現在便要你決定好一星期後的情緒，聽來頗不合理，但這正是為什麼回家度假會是實際驗證的一個絕佳機會。這個情境對你來說，在裝扮和情緒上都很熟悉。你將會外出參加的場合、正式到什麼程度，還有你母親多希望你穿更鮮豔的衣服──你都再清楚不過了，所以你毋須顧慮那麼多，也可以擺脫那些塞爆的行李袋。

想像中的旅行

套句我們最喜歡的電視大廚艾頓・布朗（Alton Brown）的說法，你的

---

* 譯註：地拉那，阿爾巴尼亞首都。

行李箱裡不應該有只具單一用途的物品。且將這個原則用在前往蒙特婁（Montreal）的虛擬旅行上。蒙特婁是世上最迷人的城市之一；你將在當地玩三天，住宿的旅館就位在熱鬧的聖羅倫大道（Boulevard Saint-Laurent）上。你真好運！

首先，將兩條長褲放進行李箱；它們必須是白天和夜晚場合都適穿。再加上走起路來很舒服、樣式也雅緻到能進餐館享用晚餐的鞋子——我們再次建議芭蕾舞式平底鞋（尤其是那種採用運動鞋科技的新款）。你隨身攜帶的提包應大到足以容納數位相機和你想帶回去享用的美味貝果。無論任何情況，都不應攜帶後背包。在到處遊覽時，你的長褲顯得俐落又雅緻，配上一件與眾不同的無袖上衣，將可幫你在聖勞倫斯河（St. Laurence River）畔倉庫改裝的酒吧和供應小點的餐館佔到好座位。晚上遊罷返回旅館後，便換上你偏愛樣式的睡衣。最好多帶一雙襪子或旅行用的室內拖鞋。如此，你三天的旅程就只需攜帶兩件長褲、兩件適合穿去餐廳晚餐的上衣、三件白天遊覽穿的上衣，一雙芭蕾舞式平底鞋、室內拖鞋，以及換洗內衣褲。再多帶一件開襟羊毛衫和一件風衣，便能讓整體造型更完美。

你的行李箱將會因為如此高效能的安排方式，多出許多空間，這樣你便能塞進在聖丹尼街（St. Denis Street）的「色彩」（Couleurs）家飾店買到的二次大戰戰後風格的美麗物品，還有那些貝果。旅行的目的不就是如此？你或許會在一個月後懊悔沒有買那只精美無比的鐘，但你後悔打包時沒在行李箱內多放一件洋裝的機率卻小得很。為免你因行李箱多出不少空間，而在興奮之餘塞入太多戰利品，不妨記得偉大的室內設計師艾伯特・海德利（Albert Hadley）* 曾說：「沒有比旅行更能破

* 譯註：艾伯特・海德利，1921-，影響深遠的美國室內設計師，曾為賈桂琳・甘迺迪設計白宮以及甘迺迪總統私人寓所的室內裝潢，於1986年獲選入室內設計名人堂。

壞室內擺設的了。」所以旅行時應和平常一樣，購物要有所節制。

針對那些有幸去熱帶島嶼度假的人，我們則來討論一下海灘袋。說真的，很少有什麼旅遊地點像熱帶島嶼一樣，能將行李減到最少。這是你擺脫大堆衣物的好機會。白天，你只需穿泳裝，要去午餐時再套上一件美觀的外搭衣物即可。這件美觀的衣物可以是一條能繫成裙子、也能綁成洋裝穿的紗龍或海灘裙（pareo）。另一種選擇是庫兒塔（kurta）──它是印度的一種無領長衫，長度約至膝蓋。套在小背心和牛仔褲外，當成搭機時的衣著，也相當別緻。身穿庫兒塔搭配麻料長褲，也適合上餐廳晚餐。庫兒塔可以說是一種用途多多的服裝！不過美觀的外搭衣物可不包括網狀罩衫，或讓你露出來的比遮起來多的任何衣物。泳裝則完全是另一種狀況。若你希望每天更換不同的泳裝，倒也無妨。它們體積小，又乾得快。有漂亮的細部裝飾的涼鞋，在假期的各個場合都適用──泳池畔、海邊、城裡、去餐廳晚餐或騎機動腳踏車時……說真的，它們在何時會不適用？且讓我們告訴你：健行時。不過我們相信，若你屬於喜愛假日健行的人，必定會知道該帶哪些更重要的物品。

盲點：	絕不要假設。在四月去義大利的蘇連多（Sorrento）？認為自己穿不到小外套？哈！離家前，你絕對要透過當前所能取得的一切途徑，查知當地氣溫！雖然你無法預測天候的突然轉變，但稍做功課，便能大大確保你的旅途愉快順利。
	同樣的，在你受邀去外地參加聚會前，最好事先打電話詢問邀請者衣著規定的相關事宜。別拖到聚會當天再做這件事，尤其這個邀請是由一位男士轉達給你時。並非所有男士都會為了沒事先講清楚而內疚，但我們認識幾位男士，當初僅告訴自己的約會對象他們所要參加的只是一個小小的熟人聚會，結果卻是上司的婚宴，所有人都穿了小禮服，讓那些可憐的女孩窘到極點。事先弄清楚，便能事先準備。

第十章

新手指南

✳✳✳✳✳✳✳✳✳✳✳✳✳✳

Appendices

風格，正如我們之前所言，與你是什麼樣的人相關。既然我們本身會隨年歲增長而改變，那麼風格演變的過程，也如同一部長篇的成長小說（blindungsroman）[*1]。讓風格躍進、躍進、再躍進的秘訣，是不斷拓展你的文化視野。既然風格必然與你所處的文化相關，因此你觀看、閱讀、嗅聞或品嘗到的類型越多，你和這個世界就有更多、更豐富的交集。

所以擁有風格的真正秘訣，或許是以求知若渴的強烈熱情，從這些交集中吸取大量養分。感謝你與我們一起分享這段歷程。我們期盼你會再用到這本書，為自己增加一點追求質感、品味與風格的動力。

此章的新手指南正為此追求提供了一些應急資訊。我們建議你運用下列資料和意見進行探索與研究。這些參考資料曾幫助我們更瞭解流行時尚，所以它們對你應該也具同樣功效。以下是一些非常簡要的建議，以幫助你開始著手進行。

有助於培養裝扮風格的電影

我們之所以推薦這些電影，並不只是因為它們的服裝設計——即使其中有許多都是經典範例——這些電影也是絕佳的視覺饗宴。除了令人讚嘆的拍攝技巧，最過癮的莫過於連續兩小時觀賞卡萊‧葛倫（Cary Grant）與瑪娜‧洛伊（Myrna Loy）[*2]飆戲。快上Netflix電影出租網站找下列電影來看吧！

[*1] 譯註：成長小說，德國文學中的小說類型之一，主要描寫一個人性格轉化與形成時期的生活。

[*2] 譯註：瑪娜‧洛伊，1905-1993，十八歲進入影壇，三〇年代因演出冷硬派偵探小說家達許‧漢密特（Dashiell Hammett）原著改編的電影《瘦子》（The Thin Man）而聲名大噪。

《春光乍洩》（Blow-Up）

《齊瓦哥醫生》（Doctor Zhivago）

《女人》（The Woman）
（一九一五年推出，由湯姆‧佛曼〔Tom Forman〕、雷蒙‧哈頓〔Raymond Hatton〕
等主演）

《瑪咪姑媽》（Auntie Mame）
（一九五八年推出，由羅莎琳‧羅素〔Rosalind Russell〕等主演）

《卿何薄命》（Dark Victory）
（一九三九年推出，由貝蒂‧戴維斯〔BettyDavis〕、亨弗萊‧鮑嘉〔Humphrey
Bogart〕等主演）

《假面》（Persona）
（英格瑪‧柏格曼〔IngmarBergman〕執導的電影，一九六六年推出，由麗芙‧鄔曼
〔Liv Ullmann〕、畢比‧安德森〔Bibi Andersson〕等主演）

《單身漢與時髦女郎》（The Bachelor and the Bobby-Soxer）
（一九四七年推出的電影，由名劇作家西德尼‧薛爾頓〔SidneyShelton〕編劇，卡萊‧
葛倫、瑪娜‧洛伊，以及秀蘭‧鄧波兒〔Shirley Temple〕等主演）

《棕櫚灘的故事》（The Palm Beach Story）
（一九四二年推出，由克勞黛‧考爾白〔Claudette Colbert〕、喬‧麥克里亞〔Joel
McCrea〕等主演）

《源頭》（The Fountainhead）
（一九四九年推出，改編自名小說家艾茵‧蘭德〔Ayn Rand〕的原著，由賈利‧古柏
〔Gary Cooper〕、派翠西亞‧妮兒〔Patricia Neal〕等主演）

《甜姐兒》（Funny Face）
（一九五七年推出，由奧黛麗‧赫本、佛雷‧亞斯坦〔Fred Astaire〕等主演）

《八點鐘晚宴》（Dinner at Eight）
（一九三三年推出，由珍‧哈露〔Jean Harlow〕、瑪麗‧德蕾斯勒〔Marie Dressler〕、
華勒斯‧貝瑞〔Wallace Beery〕等主演）

《費城故事》（Philadelphia Story）
（一九四〇年推出，由卡萊·葛倫、凱薩琳·赫本等主演）

《彗星美人》（All About Eve）
（一九五〇年推出，由貝蒂·戴維斯、安妮·巴克斯特〔Anne Baxter〕、喬治·桑德斯〔George Sanders〕等主演）

《王牌大賤諜》（Austin Powers）
（反諷〇〇七系列電影的喜劇片，由麥克·邁爾斯〔Mike Myers〕主演）

《傻瓜大鬧科學城》（Sleeper）
（一九七三年推出，由伍迪·艾倫執導、主演）

《情事》（L'Aventura）
（義大利名導演安東尼奧尼的作品，一九八五年推出）

《娃娃谷》（Valley of the Dolls）
（一九六七年推出，由朱蒂·迦蘭〔Judy Garland〕等主演）

《穿著Prada的魔鬼》（The Devil Wears Prada）
（同名小說改編的電影，由梅莉·史翠普、安·海瑟薇〔Anne Hathaway〕主演）

《柯波帝：冷血污名》（Infamous）
（描寫作家楚門·柯波帝的劇情片，由珊卓·布拉克、丹尼爾·克雷格〔Daniel Craig〕、葛妮絲·派特羅等主演）

《大都會》（Metropolitan）
（一九九〇年推出，惠特·史帝曼〔Whit Stillman〕執導的「雅痞三部曲」中的第一部，第二與第三部分別為《巴塞隆納》〔Barcelona〕和《迪斯可的最後時光》〔The Last Days of Disco〕）

《英國庭園殺人事件》（The Draughtsman's Contract）
（一九八二年推出，英國導演彼得·格林納威〔Peter Greenaway〕的作品）

《傳信人》（The Go-Between）
（一九七〇年推出，由茱莉·克里絲蒂〔Julie Christie〕主演）

《魔法師的寶典》（Prospero's Book）
（一九九一年推出，英國導演彼得・格林納威的作品）

《灰色花園》（Grey Gardens）
（梅索兄弟〔Albert & David MAYSLES〕於1976年拍攝的紀錄片，以七個月的時間
　貼身記錄了賈桂琳・甘迺迪一對遠親母女糾葛的關係）

《慾海情魔》（Mildred Pierce）
（一九四五年推出，由瓊・克勞馥〔Joan Crawford〕等主演）

《去年在馬里昂巴德》（Last Year at Marienbad）
（一九六一年推出，法國新浪潮導演亞倫・雷奈〔Alain Resnais〕的作品）

《男人女人》（Masculin Feminin）
（一九六六年推出，法國新浪潮導演高達的作品）

《妙女郎》（Funny Girl）
（一九六八年推出，由芭芭拉・史翠珊主演）

《洗髮精》（Shampoo）
（一九七五年推出，由華倫・比提〔Warren Beatty〕、茱莉・克里絲蒂、歌蒂・韓
〔Goldie Hawn〕等主演）

《約櫃》（Desk Set）
（一九五七年推出，由凱薩琳・赫本與史賓塞・屈賽〔Spencer Tracy〕等主演）

《郎心如鐵》（A Place in the Sun）
（一九五一年推出，由伊莉莎白・泰勒、蒙哥馬利・克里夫〔Montgomery Clift〕主演）

《埃及豔后》（Cleopatra）
（一九六三年推出的電影，由伊莉莎白・泰勒、理查・波頓主演）

有助於培養裝扮風格的書籍

這類書籍的數量多如牛毛，實在很難歸納成一份書單。理由如下：我們
花了好幾個小時討論該列入哪些書，結果單子越列越長，最後竟達一百
多本。若選了托爾斯泰——他的作品絕對應該列入，甚至比杜斯妥也夫
斯基還要緊——當然也該選杜斯妥也夫斯基的作品，為了他在其名著
《地下室手記》（*Notes from Underground*）裡所提及的整套行頭和書中
自述者身上的污穢睡袍等。此外還有湯瑪斯‧曼（Thomas Mann）[*1]、
巴爾札克（Balzac）[*2]、瑞貝卡‧威斯特（Rebecca West）[*3]的作品，
以及……你明瞭問題所在了吧。說到哪些書有助於風格的養成，就只有
一個衡量標準：書中的內容若能促使你思考自己是什麼樣的人，以及本
身所處的環境，便能為你腦中的想法和經驗增加庫存量，幫助你形塑自
我，同時也可能在你設定個人風格時產生影響。因此我們懇求你絕對、
絕對不要過書店大門而不入；在時間許可下，不妨進去多翻翻書。

有助於風格養成的芳香

對香氛的喜好是非常個人的。事實上，你或許已經認定一輩子只用尚巴
度的「1000」香水，這也無妨。但絕不要因此侷限了進一步開發個人
嗅覺領域的機會，因為這能讓你在享用食物、葡萄酒、巧克力、你真心
喜愛的任何事物，以及跟伴侶相處時，體驗到更多樂趣。就上面提及的
部分來說，你是否留意過在打開全新的精裝書籍時，書頁散發的味道？

[*1] 譯註：湯瑪斯‧曼，1929-1955，德國小說家，以《魔山》（The Magic Moutain）
獲諾貝爾文學獎。

[*2] 譯註：巴爾札克，1799-1850，十九世紀法國知名的小說家，被喻為「繼莎士比亞後
創作最多的人」。

[*3] 譯註：瑞貝卡‧威斯特，愛爾蘭小說家、記者、評論家。

或剛綻放的紫丁香迷人的芳香？所以，即使你不喜歡使用香水，也別忽視周遭的一切氣味！

若你喜愛使用香水，且容我們推薦紐約市的一家香水店，或許下次你可以前去逛逛。它位於克里斯多福街九號（9 Christopher Street），店名為「Aedes de Venustas」。這家店鋪本身便相當賞心悅目，而店內陳列的各式香水，將能為你的嗅覺提供無與倫比的訓練。

相關字彙

很少有什麼活動比學習新詞彙更有意思了。每學到一個新詞，你便可更精確、更文雅地暢談某個想法。學習衣著類型與質料的正確名稱和定義，不僅能讓你清楚陳述自己偏愛的樣式，也可幫助你更深入瞭解相關的歷史、地域和社會文化。你個人或許用不到臀部裙褶（rear furbelow）──另一個為人所知的名稱為臀部假裙撐（false rump）──但你怎能不對促使它興起的文化深深著迷呢？就提綱挈領的指南書來說，我們會推薦《費爾柴爾德時裝辭典》（*The Fairchild Dictionary of Fashion*）。它不僅平息了何謂闊袖（dolman sleeves）的爭議，而且光是翻閱便足以讓你沈迷好幾個小時。

以下是我們在本書中用過一些詞彙，以及為增添閱讀趣味而另外補充的相關用語：

alpaca（羊駝毛呢）

羊駝是駱駝的表親。羊駝毛紡成的紗線柔軟而有光澤，通常會與其他種類的纖維混紡。羊駝毛一般用來製作毛衣、大衣和披巾；與毛海類似。羊駝本身是一種友善溫馴的動物；喜愛有蹄類動物的人應該會認為它的長相挺迷人的。

astrakhan（仿羔羊毛呢）

一種仿波斯羔羊毛紡成的起絨質料。此字的原意是指以俄羅斯阿斯特拉罕地區的羊捲曲的羊毛紡成的呢料。

babushka（頭巾）

將折成三角形的方形布巾戴在頭上，兩端綁在下巴處。這種裝扮最好保留給懷念默片時代的老年人使用。

bateau（船形領）

此字出自法文，原意為「船」；這種領口設計也被稱為一字領。它的領口開至肩膀，前後領線高至頸根處，呈一字形，相當優雅且女性化。

batik（蠟染）

一種塗蠟防染的技術，來自印尼。此法是以熔化的蠟在布料上繪出圖案，再將布料染色，圖案部分因有蠟質覆蓋，因此依然保持布料原本的顏色；當蠟質除去後，便顯現出精細美麗的圖案。

batiste（細亞麻布）

一種經絲光處理、柔軟細緻、質輕的薄棉布；摸起來手感舒柔。「手感」一詞詳見下文的「hand」。

batwing（蝙蝠袖）

與闊袖非常相近；有貼合腕部的袖口和極大片的袖身，袖根下縫至腰部處。

blouson（蓬型短上衣）

腰部緊束、上身蓬起的短上衣。現在又再度流行，通常搭配牛仔褲。

box pleat（工字褶）

若沒有好好整理，有工字褶的衣服便是直達邋遢境地的單程票。工字褶是一種左右朝內摺的打摺方式，襉褶剖面有如「工」字形。若仍不清楚，不妨觀察學童的制服，有些學校的女生制服短裙便是用工字褶。

braid（鑲邊）

為衣邊的裝飾，通常用於大衣。

burnt-out（爛花）

這是以化學物溶解布料的局部、使其形成花紋的技術；通常用於絲絨布料上。

calico（印花棉布）

一種僅單面有印花的棉布，是《大草原上的小木屋》（*Little House on the Prairie*）* 之類場景的最愛。

camel hair（駱駝毛）

正如你絕對猜得到的，這是取自駱駝身上的毛所紡成的軟柔布料，可製成質感絕佳的大衣。

---

* 譯註：《大草原上的小木屋》，蘿拉‧英格爾‧懷爾德（Laura Ingalls Wilder，1867-1957）的童書名著，曾改編成電影和電視影集。

capri pants（卡布里褲）

緊貼腿部曲線的半長褲，褲長在膝蓋和腳踝之間。可別跟另一種較寬筒的七分褲（pedal pusher）混為一談。

cashmere（喀什米爾毛料）

這些可憐的有蹄類動物，真是得不到一刻安寧！又是另一種取自四腳動物的毛紡成的高檔呢料，這次則輪到喀什米爾山羊。喀什米爾毛料輕軟又保暖，是織品中的頂級布料。

challis（印花薄毛料）

一種薄羊毛料，通常印有花朵圖案。

charmeuse（柔丁）

一種如絲般柔滑的布料，背面則有類似皺緞的紋路。許多質料皆可製成柔丁，例如絲質柔丁。它對大多數新手裁縫來說，是一種不好處理、很令人頭痛的布料，就如他們犯的每項錯誤所顯示的一般。

chiffon（雪紡紗）

一種近乎透明的布料，以質感輕盈和易於做出襯褶效果著稱。

cloche（鐘形帽）

出自法文，原意為「鐘」（bell）；這種帽型密合頭部，並且有窄小的帽邊。在一九二〇年代相當風行。

corduroy（燈芯絨）

一種厚重的布料，特色是布料上如小溝槽的紋路，紋路大小從相當細窄

者（pinwhale，針紋）到非常寬大醒目者（wide wale，寬紋）。

cotton duck （棉帆布）

一種厚棉布；視其重量，可用來裁製衣服、船帆或傢飾布。

cowl neck （垂領）

一種下垂成半圓形翻褶的軟式領口設計。有些衣服的垂領做得較大，也垂得比較低，有些則比較高。

dart （收省）

一種V形縫褶，目的是讓衣服布料符合身形。收省的位置是否正確，對一件衣服是否能呈現出漂亮的曲線，至關重要。當試穿一件衣服時，最好確認收省的位置是否符合你的身形。若收省的位置理應剛好在你的胸部處，以形塑胸部線條，但你套上衣服後，它的位置卻跑到你鎖骨側下方，這就表示那件衣服不合身。

deshabille （家居服）

就字面上來說，它是指全身僅部分有衣物遮掩。在服裝術語中，則指女用晨衣或家居服，即某種比較適合在臥房裡閒晃時穿的衣物。

dirndl （阿爾卑斯山村姑式連身衣裙）

德國和奧地利部分農村地區少女穿的連身衣裙樣式。這種服裝有緊束的胸衣式上身和蓬裙，內搭一件棉布上衣。

dolman sleeve （闊袖）

袖子長至手腕，袖身非常寬。穿上闊袖上衣，看起來有點像穿了一件套

頭披肩 —— 可見袖子有多寬。

doupioni（雙宮綢）

一種絲質布料，是以粗細不同的紗線紡成，使布料表面產生粗粒。粗粒是一顆顆小隆起，賦予布料一種獨特的質感。用文字描述似乎不怎麼吸引人，但實際看到便會覺得很美。

empire（低圓領高腰）

一種領口或剪裁設計，腰線拉高至胸部下，領線則低至胸口。

epaulet（肩飾）

一種縫在肩處、用以裝飾的布片，通常見於外套、風衣和大衣，不過偶爾也會出現在各種樣式的上衣上。不妨回想一下縫在軍服式風衣肩膀處的小塊布片，你就明瞭何謂肩飾了。

flannel（法蘭絨）

一種表面有短絨毛的輕質布料，手感柔軟、舒適。是裁製長褲的絕佳質料，尤其是灰色的法蘭絨。

French cuff（法式袖口）

一種襯衫袖口外翻成雙層的設計，通常會以袖釦固定開口。無論你是男性或女性，最好選擇比較低調的袖釦，否則看起來會很像靠股票投機大發橫財的暴發戶。

frog closures（盤釦）

若你穿過中式服裝，應該就有扣盤釦的經驗。它們是用粗線編成的環和

一個大結所組成，只要將大結穿過環，就能將衣服扣起來了。

gabardine（軋別丁）
一種密織的斜紋布，有棉質、也有毛料，通常用來裁製長褲和外套。棉質的軋別丁通常用來裁製風衣。

gauchos（高卓褲）
一種寬如長裙、類似南美洲高卓人穿的長褲，只適合當你身在阿根廷中、東部的彭巴草原（Pampas）時穿。

grain（紋路）
布料上紗線的方向。

gray glen plaid（灰格子花呢）
上有交錯線條、形成方格子紋路的毛呢。

hand（手感）
就字面來說，是指你的手觸摸布料時感受到的感覺。例如喀什米爾毛料具有柔軟的手感，而粗麻布則具有粗糙的手感。

jersey（平織布）
它不僅是一種布料的名稱，也指一整個類型，其中包括絲質平織布、羊毛平織布、嫘縈平織布，以及其他質料。其共同點即它們全是一種沒有羅紋的織品，也就是說，它們都相當平滑，通常能呈現絕佳的打摺效果。香奈兒當初便是以這種布料創造時尚奇蹟，至今依然是其品牌服裝的特色款式之一。

lawn（優質細棉布）

一種細緻、柔軟的棉布，用來裁製夏季洋裝和上衣，舒適且質感絕佳。

le smoking（吸煙裝）

一種仿男士禮服設計的女用西服，法國品牌聖羅蘭於一九六六年推出此
設計，立刻便造成轟動。最初是搭配有飾邊的白襯衫，頸部則戴黑緞
帶。這種設計至今看起來依然別緻優雅。

linen（亞麻布）

一種以亞麻纖維紡成的布料。在熾熱的夏季，最能令人感到涼爽的莫過
於亞麻質料的服裝，而其易皺的特性也正是它的迷人之處。

maillot（連身泳裝）

一種一件式泳裝，通常背部開得很低。

melton（墨爾登毛呢）

用來製作大衣的一種厚毛呢，通常以羊毛與其他纖維混紡。也有粗紡的
墨爾登毛呢，是最佳的多用途毛料。

merino wool（美麗諾毛料）

是一種高品質的羊毛料，使用美麗諾品種羊毛紡成。

minaudière（硬匣手拿包）

一種做為晚宴包的硬殼小匣。茱迪絲・萊柏（Judith　Leiber）便是以
閃亮耀眼的硬匣手拿包設計聞名。

mohair（毛海）
以安哥拉山羊的毛紡成，從毛衣、外套、大衣到傢飾布，許多織品都用得到它。毛海可能會有點刺刺的觸感，因此通常採混紡的方式為佳。

muslin（胚布）
棉布的一種，主要用來製作服裝初步的樣衣。

passmenterie（花邊）
飾邊，跟鑲邊或凸紋類似。很美的一個字。

peplum（波浪狀短褶）
位於腰線下、類似小短裙的打摺。通常可見於波浪邊短外套（peplum jacket）。

Peter Pan collar（小圓領）
一種小而圓的平領。雖然偶爾可在女裝上看到，但這種樣式的領子大部分用於童裝。

pile（毛絨）
許多立起來的紗線便形成毛絨。可不修剪，也可修剪成各種長度。原絨布（Terry cloth）便是紗線未經修剪的範例。

pinked（將布邊剪成鋸齒狀）
以鋸齒剪刀（pinking shears）修剪布邊，以免布邊散開。這種剪刀不會像一般剪刀會剪出平整的直線，而是呈鋸齒狀。

piquè（凹凸布）
一種相當耐用的棉布，上有凸起的織紋。

princess silhouette（公主式剪裁）
胸腰部緊身、下半身為蓬裙的連身洋裝剪裁。公主式的剪裁之所以能呈現尊貴的氣息，是因為它在腰線處不會有一圈接縫。

raffia（拉菲布）
一種類似棕櫚的拉菲草纖維織料，通常編成草帽，或做為飾邊。

sack（袋式直筒洋裝）
感謝你，紀梵希先生。由於他，才使得這種樣式廣為人知，而它的外觀正如其名。這種洋裝沒有腰線，從肩膀處直線而下。夏天時，搭配一雙平底皮涼鞋便能營造極致高雅的韻味。

seersucker（泡泡布）
一種有條狀縐褶的棉布。這種質料的服裝搭配白皮鞋，頗帶有一種南方公子哥兒的味道。它的外觀別緻，是夏季衣著的典型質料。這也表示當九月的美國勞動節假期來臨時，泡泡布服裝就該收起來了。

self belt（附加腰帶）
凡是與衣服同質料的腰帶都屬此列。不過你並沒有嫁給附加腰帶，所以大可把附在衣服上的腰帶抽出來，依你的喜好改換其他樣式的腰帶。

set-in sleeve（圓袖）
在臂根處與衣身縫合的袖子樣式。和服的袖子便不屬圓袖之列。

sheath（緊身洋裝）

這個字的定義隨年代而稍有不同，但一般來說，它是指以收省方式達到極合身效果的洋裝。

surplice（袈裟領）

兩片布料交疊圍裹而成、未完全車縫固定的領子樣式，呈現出較大角度的V領。

trapeze（梯形剪裁）

由迪奧推出的一種服裝造型，在一九五〇年代便深受大眾喜愛，歷久不衰。不妨將這種剪裁想成A字形：肩部合身，腰部較寬，下身則往外散開。

vicuña（小羊駝）

啊，我們在本書提到的最後一種有蹄動物！小羊駝是駱馬的一種，擁有柔軟無比的毛。小羊駝外套便曾在比利·懷爾德（Billy Wilder）* 的經典名片《日落大道》（Sunset Boulevard）中扮演了一個微小卻關鍵的角色。

* 譯註：比利·懷爾德，1906-2002，好萊塢編劇、導演、製片人，作品包括奧黛麗·赫本主演的《龍鳳配》、瑪麗蓮·夢露主演的《七年之癢》等。

國家圖書館出版品預行編目資料

風格一身：由內而外，從美麗進化到魅力 ──

提姆‧岡恩的質感、品味與風格指南 /

提姆‧岡恩（Tim Gunn），凱特‧莫隆妮（Kate Moloney）合著

初版 ── 臺北市：大塊文化，2008.03

面； 公分 ──（tone；16）

譯自：Tim Gunn: a guide to quality, taste and style

ISBN 978-986-213-047-6（平裝）

1. 衣飾 2. 時尚

423 97002874